I0035094

MÉMOIRE

SUR

LES TRAVAUX A LA MER.

PARIS. — IMPRIMERIE DE FAIN ET THUNOT,
Rue Racine, 28, près de l'Odéon.

MÉMOIRE

SUR

LES TRAVAUX A LA MER,

COMPRENANT

L'HISTORIQUE DES OUVRAGES EXÉCUTÉS AU PORT D'ALGER, ET L'EXPOSÉ COMPLET
ET DÉTAILLÉ D'UN SYSTÈME DE FONDATION A LA MER
AU MOYEN DE BLOCS DE BÉTON.

Par M. POIREL,

INGÉNIEUR EN CHEF DES PONTS ET CHAUSSÉES.

PARIS.

CARILIAN-GOEURY et Vor DALMONT, ÉDITEURS,

LIBRAIRES DES CORPS ROYAUX DES PONTS ET CHAUSSÉES ET DES MINES,

Quai des Augustins, nos 39 et 41.

1841.

PRÉFACE.

Chargé de reconstruire, au port d'Alger, le môle dont la ruine était imminente, j'ai rencontré au début de nombreuses difficultés : elles m'ont prouvé toute l'insuffisance des procédés en usage pour les travaux à la mer, surtout dans une localité où la puissance de cet élément se manifeste par des effets vraiment extraordinaires. Je me suis trouvé ainsi naturellement amené à chercher d'autres moyens d'exécution, et pour cela j'ai dû faire plusieurs essais. Après n'avoir d'abord qu'imparfaitement réussi, ils ont fini par me conduire à un système de fondation qui n'avait pas encore été appliqué jusqu'ici, et dont l'efficacité ne saurait plus être mise en doute, puisqu'il a subi victorieusement, pendant six années consécutives, l'épreuve des plus grosses mers.

Un article inséré au premier numéro des *Annales des ponts et chaussées*, année 1838, a déjà donné un aperçu des ouvrages à la mer en blocs de béton : ce travail a été refondu dans ce nouveau mémoire avec des développements que ne comportaient pas les limites d'une simple notice. Nous avons pensé qu'au moment où l'on paraît sentir la nécessité d'imprimer une grande activité aux travaux maritimes sur le littoral de la France, cette publication pourrait être de quelque utilité pour ceux de nos camarades qui sont attachés au service des ports. Notre seule ambition est d'appeler leur attention sur une matière d'un aussi grand intérêt, et de les mettre sur la voie des perfectionnements que réclame une branche de notre art encore aussi imparfaite que l'est celle des travaux à la mer. Ce sujet est d'autant plus digne de tous leurs efforts, qu'il est destiné à acquérir chaque jour une plus haute importance, à mesure que l'on verra mieux se dessiner le rôle nouveau que l'invention des bateaux à vapeur est appelée à faire jouer à la navigation dans l'histoire des peuples.

Les résultats que nous faisons connaître nous paraissent également de nature à intéresser tous les ingénieurs, en ce qu'ils renferment d'utiles enseignements sur le béton en général, sur sa confection et sur son emploi dans les travaux hydrauliques.

Ce mémoire se divise en trois sections : la première comprend l'exposé historique et sommaire des ouvrages qui ont été exécutés au port d'Alger, pendant sept campagnes consécutives, de 1833 à 1840, et le parallèle du mode de construction que l'on y a suivi avec les systèmes les plus connus parmi ceux qui avaient été appliqués ou proposés jusqu'à présent, notamment avec celui des enrochements à pierres perdues, dont les digues de Cherbourg et de Plymouth offrent deux exemples remarquables : on donne dans les deux autres sections l'exposé général et détaillé du système de fondation à la mer au moyen de blocs de béton ; savoir, dans la deuxième, le devis descriptif de tous les ouvrages qui s'y rattachent ; et dans la troisième, l'analyse détaillée des prix de ces mêmes ouvrages.

ACADÉMIE DES SCIENCES.

ARCHITECTURE HYDRAULIQUE.

RAPPORT

Sur un Mémoire de M. Poirel, ayant pour objet la description d'un *Mode de fondation à la mer pour les jetées des ports.*

(*Commissaires*, MM. Ch. Dupin, Cauchy, Poncelet, Liouville, Coriolis *rapporteur.*)

(Extrait des comptes rendus de l'Académie des sciences, séance du 9 novembre 1840).

« L'Académie nous a chargés, MM. Dupin, Cauchy, Poncelet, Liouville et moi, de lui faire un rapport sur un mémoire de M. Poirel, ingénieur, ayant pour objet la description d'un mode de fondation à la mer pour les jetées des ports.

» M. Poirel décrit dans son mémoire les ouvrages qu'il a exécutés au port d'Alger, de 1833 à 1840 ; il expose un nouveau système de fondation qui consiste dans l'emploi de blocs de béton d'une grande dimension ; il indique les modifications qu'il faudrait faire subir à ce système pour le rendre applicable aux cas que l'on peut rencontrer le plus généralement dans la pratique ; il termine en donnant les prix de tous les ouvrages qui entrent dans son système de construction. Indépendamment de l'intérêt particulier que ce travail offre aux ingénieurs attachés au service des ports, il renferme sur le béton en général, sur sa confection et son emploi dans les travaux hydrauliques, des renseignements utiles pour tous les constructeurs.

Le système généralement employé de nos jours pour la construction des jetées à la mer, est celui que l'on connaît sous le nom de *jetées à pierres perdues.* Il était pratiqué chez les Romains, ainsi qu'on le voit par les restes du port de

Civita-Vecchia. Les matériaux qui entrent dans la composition de ces anciennes jetées ont des dimensions qui varient généralement de $0^m,20^{cent.}$ cubes jusqu'à 2 et 3^m cubes; sous ce volume ils sont remués par la mer; leur déplacement devient plus rare et cesse presque entièrement lorsqu'ils ont pris un talus assez étendu par la base. Mais outre qu'on peut contester que ce talus arrive jamais à une stabilité parfaite, et qu'il n'y ait pas toujours quelque dérangement par les mouvements les plus violents des vagues, ces jetées à talus d'une base très-large ont l'inconvénient de rétrécir considérablement les passes et l'enceinte même des ports qu'on veut créer. Il serait donc extrêmement avantageux de n'employer dans ces constructions que des blocs d'une dimension telle, qu'ils ne pussent dans aucun cas être remués par les vagues. Cela est toujours possible, puisque l'action est proportionnelle à la surface choquée, tandis que la résistance du bloc croît comme son cube. M. Poirel a reconnu qu'à Alger un volume de 10^m cubes était nécessaire pour que le bloc fût immuable. Il ne pouvait pas songer, pour des masses pareilles, à les tirer des carrières, en raison des difficultés d'extraction et de transport. Il ne lui restait donc d'autre parti à prendre que de les fabriquer artificiellement, et c'est ainsi qu'il s'est trouvé conduit à l'usage des blocs de béton.

» Ces blocs sont faits de deux manières différentes : les uns se construisent dans l'eau sur la place même qu'ils doivent occuper, les autres sont fabriqués à terre pour être ensuite lancés à la mer.

» Les premiers se font en immergeant du béton dans des caisses échouées sur l'emplacement des blocs. Ces caisses sont de grands sacs en toile goudronnée, dont les parois sont fortifiées par quatre panneaux en charpente, sur lesquels la toile est étendue et fixée. La masse de béton qui la remplit peut donc se mouler parfaitement sur le terrain, et se lier avec lui par les aspérités mêmes qu'il présente.

» La seconde espèce de blocs, qui se fait à terre, est fabriquée dans des caisses sans fond, formées de quatre panneaux à assemblage mobile. Cinq à six jours après le remplissage, on enlève ces panneaux qui servent pour un autre bloc. Le béton ainsi mis à nu a acquis, au bout d'un mois ou deux au plus, suivant la saison, une consistance suffisante pour que le bloc puisse être lancé à la mer.

» M. Poirel prépare ses blocs sur des chariots qui roulent sur des chemins de fer. Il emploie deux modes d'immersion : le premier, en faisant poser le bloc sur deux planches suiffées, et en donnant au chariot une légère inclinaison qui suffit pour que le bloc glisse par son propre poids. Dans le second mode d'immersion, le bloc, placé sur une cale inclinée, est d'abord descendu dans l'eau jusqu'à ce qu'il plonge d'un mètre à l'avant; dans cette position, il est saisi par un flotteur formé de deux tonnes, qui le transportent en le maintenant sur l'eau.

» Les Romains, ainsi qu'on le voit par le traité de Vitruve et par ce qui nous reste de quelques-uns de leurs ouvrages, avaient déjà exécuté des fondations en béton à la mer. M. le colonel Émy, dans une publication récente qui a paru en 1831, avait fait ressortir tous les inconvénients du système des pierres perdues, et avait proposé d'employer aussi le béton; mais il n'indiquait que des masses jointives, ayant un profil déterminé.

» M. Poirel est le premier qui ait employé les blocs de béton à la mer, à l'instar des blocs naturels dans les jetées à pierres perdues, et qui ait exposé des méthodes pratiques pour ce genre de construction, en s'appuyant sur l'expérience de grands travaux. Ceux qu'il a exécutés au port d'Alger ont subi victorieusement l'épreuve des plus grosses mers : les rapports officiels des divers ingénieurs chargés d'inspecter ses travaux ne laissent aucun doute à cet égard.

» Vos commissaires pensent que le travail soumis à leur examen a beaucoup d'intérêt pour l'art des travaux hydrauliques à la mer, et que son auteur mérite les encouragements de l'Académie. »

Les conclusions de ce rapport sont adoptées.

SECTION PREMIÈRE.

HISTORIQUE DES TRAVAUX QUI ONT ÉTÉ EXÉCUTÉS AU PORT D'ALGER.
PARALLÈLE DU SYSTÈME SUIVI, AVEC LES MODES DE CONSTRUCTION LES PLUS CONNUS,
PARMI CEUX QUI ONT ÉTÉ APPLIQUÉS OU PROPOSÉS POUR LES OUVRAGES A LA MER.

CHAPITRE PREMIER.

Reconstruction de l'ancien môle.

La rade d'Alger, foraine comme toutes celles du nord de l'Afrique, est complétement ouverte aux vents du large : la petite darse qui forme le port, à l'extrémité ouest et à l'entrée de la rade, a été construite en 1530 par Khaïr-ed-din, frère de Barberousse. S'étant rendu maître d'un petit îlot situé en face de la ville et sur lequel les Espagnols avaient une forteresse, il résolut, pour s'en assurer la possession et en même temps pour se créer un port devant Alger, de réunir cet écueil à la ville, au moyen d'une jetée qu'on nomme la jetée Khaïr-ed-din. Elle a 175 mètres de longueur, sur 36 mètres de largeur en couronnement; et sa direction est à peu près Est et Ouest. Indépendamment de la jetée Khaïr-ed-din, un môle prolongeant l'îlot couvre la darse contre les vents qui soufflent de la région de l'Est : il a 125

Description
du
port d'Alger.

PLANCHE I,
fig. 1 et 2.

1

mètres de longueur, sur 95 mètres dans sa plus grande largeur ; sa direction est Nord-Est et Sud-Ouest.

L'enceinte de la darse ainsi formée se termine au petit môle du lazaret ; elle a quatre hectares de superficie et peut contenir 60 bâtiments, dont 30 environ de 300 tonneaux et un très-petit nombre du port de 800. Les navires d'un plus fort tonnage mouillent en dehors. Les plus grands fonds de ce port sont aujourd'hui de 5 mètres ; mais ils peuvent augmenter par le curage.

Jetée Khaïr-ed-din.

La jetée Khaïr-ed-din, s'appuyant d'un côté au littoral et de l'autre à l'île de la Marine, présente une seule ligne continue sans offrir de tête à la mer ; en outre, elle est défendue par plusieurs affleurements d'un banc de roches sur lequel elle est établie. Cependant, malgré tous les enrochements que l'on n'a cessé d'y apporter chaque année depuis Barberousse, et sans compter ceux qui, depuis l'occupation française, y ont été jetés en 1833 et 1834, le pied en était constamment dégarni sur plusieurs points, et les affouillements y allaient toujours en augmentant.

Cette jetée, sur laquelle sont élevés les grands magasins des subsistances militaires, a dû appeler la première l'attention du gouvernement, parce qu'il importait avant tout d'assurer les établissements auxquels elle sert de fondation. Ce travail fut confié en 1831 à M. Noël, ingénieur des travaux hydrauliques du port de Toulon, dont il fut momentanément détaché : il refit à neuf tout le corps de la jetée, sur une hauteur de 5 mètres au-dessus de l'eau, et sur une largeur moyenne de 2 mètres. La nouvelle maçonnerie est d'une exécution parfaite et présente une grande solidité. Malheureusement, l'insuffisance des fonds mis à la disposition de l'habile ingénieur qui dirigea cet ouvrage et le peu de temps assigné à sa mission, ne lui permirent pas de reprendre la base de la jetée, dont les affouillements s'étendaient et n'ont pu être arrêtés qu'au moyen d'une défense en blocs de béton.

Môle.

Le môle est beaucoup plus exposé que la jetée. Avancé dans la mer, il lui présente un saillant ou musoir dont la direction est à peu près perpendiculaire à celle des vents qui entrent avec le plus de force dans la rade. Aussi était-ce sur ce point si menacé que les Turcs portaient toutes les ressources dont ils pouvaient disposer en hommes et en argent. Ils y employaient la plus grande partie de leurs esclaves et y dépensaient annuellement de 160 à 180 mille boudjous, c'est-à-dire plus de trois cent mille francs de notre monnaie.

Laugier de Tassy, l'un des historiens les plus exacts de la régence d'Alger, où il résidait en 1727, s'exprime ainsi à ce sujet :

« Comme le grand môle est exposé directement au nord, pour » empêcher qu'il ne soit emporté par les furieux coups de mer, qui » roulent avec impétuosité sur un banc de sable, qui règne tout le » long de ce môle, en dehors du port, on est obligé de faire travail-» ler toute l'année les esclaves du Beylick à une carrière de pierres » dures, qui est près de la pointe Pescade, et à porter ces pierres et » les jeter dans la mer, tout le long du môle, pour le garantir. La » mer emporte à peu près tous les rochers qu'on y jette, mais on a » toujours soin de les remplacer. »

Le saillant ou musoir du môle, dans lequel la mer avait ouvert une large brèche, fut aussi réparé en 1831 ; mais la nouvelle maçonnerie, qui reposait sur des enrochements que chaque coup de mer un peu fort faisait descendre, fut entièrement détruite par les premiers mauvais temps de l'hiver de 1832. Toutes les reprises qu'on eût pu faire au parement eussent infailliblement subi le même sort, puisque la base sur laquelle on l'avait fondé était mobile. Ensuite le musoir présentait la direction la plus vicieuse qu'il fût possible de lui donner : perpendiculaire au Nord-Est, c'est-à-dire à l'aire des vents qui soufflent dans la rade avec le plus de violence, il formait avec la ligne du môle un angle rentrant très-prononcé.

Premiers ouvrages des Français.

La première opération à faire était d'élever en avant du musoir un massif d'enrochements de gros blocs, afin de le garantir d'une destruction complète et de pouvoir ensuite, à l'abri de cette défense, en reprendre les fondations : la masse de ces enrochements devait s'arranger par l'action de la mer elle-même, suivant le talus nécessaire à leur équilibre. Il fallait donc aviser aux moyens de se procurer une quantité considérable de blocs ; or, pour cela, rien n'était préparé :

Ouvrages en blocs naturels exécutés pendant la campagne de 1833.

carrières, chemins, moyens de transport, tout manquait, tout était
à créer.

Dès les premiers jours de la campagne de 1833, on s'occupa active-
ment de la recherche de carrières propres à donner de gros blocs de 2
à 4 mètres cubes : de nombreuses découvertes furent faites sur tous les
points d'où l'on pouvait espérer en extraire ; des chemins furent ou-
verts de toutes les carrières à la porte de la ville ; les rues élargies, les
abords du môle disposés de manière à donner passage aux voitures,
qui, auparavant, ne pouvaient y arriver ; et malgré les difficultés que
l'on rencontrait à extraire de gros blocs dans une formation de terrains
qui ne présente ni stratification régulière, ni banc prolongé, malgré
la pénurie des ressources de tous genres, inévitable dans un pays bar-
bare, récemment conquis et placé sous le régime de l'occupation militaire, on avait pu cependant, au mois de décembre, verser à la mer
environ six mille mètres cubes de blocs.

Dans l'hiver de 1833 à 1834, ces enrochements furent bouleversés
et arrangés sur une pente moyenne du sixième. Leur masse, élevée
d'abord au-dessus de l'eau, s'était abaissée jusqu'à 4 mètres en dessous ;
et, dans les mouvements qu'elle avait subis, les blocs déplacés dans le
sens transversal et longitudinal, avaient été entraînés par l'action de
la vague jusque dans l'intérieur du port. On reconnut que l'un d'eux,
qui cubait un mètre, avait été porté par la lame sur le terre-plein du
môle, à 4 mètres de hauteur verticale et à 30 mètres de distance horizontale ; et qu'un autre, du volume de 4 mètres, avait traversé la
passe pour venir jusqu'au musoir de la Santé.

Ce déplacement considérable des blocs, qui tendait à les rejeter dans
le port, était un vice capital qui devait faire renoncer au système ordinaire des enrochements. Le seul moyen de ne pas retomber dans la
faute que l'on venait de commettre consistait à n'employer, au lieu
de blocs d'un volume de 0^m,30 à 4 mètres, sous lequel ils étaient déplacés par la vague, que des masses de dimensions telles qu'elles pussent
résister à son action et rester immobiles, ce qui était possible, puisque
cette action, étant proportionnelle à la surface choquée, tandis que la ré-

sistance du bloc croît comme son cube, il y a nécessairement un point où cette dernière doit l'emporter. Cette limite fut d'abord fixée à 20 mètres cubes; mais il a depuis été reconnu que sous un volume de 10 mètres, le bloc restait déjà immobile. On ne pouvait pas songer, pour des masses pareilles, à les tirer des carrières, en raison des difficultés que l'on eût trouvées à les extraire et de celles, non moins grandes, que leur transport eût présentées. Il ne restait donc d'autre parti à prendre que de les fabriquer artificiellement, et l'on s'est ainsi trouvé conduit à l'usage des blocs de béton.

Ces blocs sont de deux espèces : les uns se construisent dans l'eau, sur la place même qu'ils doivent occuper; les autres sont fabriqués sur berge, pour être ensuite lancés à la mer.

Les premiers se font en immergeant du béton dans des caisses-sacs, échouées sur l'emplacement que le bloc doit occuper. Les parois de ces caisses sont formées d'un grillage en poutrelles, recouvert intérieurement d'un double cours de planches à joints croisés formant bordage. La partie inférieure est découpée à peu près suivant le profil du sol sur lequel elles doivent reposer. Elles sont garnies à l'intérieur d'une toile goudronnée, fixée sur tout leur pourtour et formant sac. Cette toile, clouée sur la charpente, règne sur la hauteur totale de la caisse jusqu'à 0^m,50 au-dessus du niveau de l'eau. Les quatre panneaux de la caisse sont assemblés par des équerres en fer à charnières, de manière à pouvoir se démonter facilement. On les enlève au bout de dix à douze jours; et pour les faire servir de nouveau, il suffit, soit en les découpant, soit en les allongeant, de les profiler à peu près suivant la forme du sol. Une fois assemblés, on y adapte un toile qui doit avoir une ampleur suffisante pour se plier à toutes les sinuosités du fond qu'elle recouvre. La caisse forme ainsi un véritable sac, dont les côtés sont fortifiés par des panneaux en charpente sur lesquels la toile est étendue et fixée. La masse de béton qui la remplit peut donc se mouler parfaitement sur le terrain et se lier avec lui par les aspérités même qu'il présente; tandis qu'avec des caisses à fond plat que l'on emploie généralement pour fonder des ouvrages dans l'eau sans épui-

Première espèce de blocs fabriqués en place, au moyen de béton immergé dans des caisses-sacs.

sement, il faut s'appliquer à faire disparaître les aspérités du sol, en le dressant suivant une surface à peu près de niveau, opération difficile et qui ne saurait jamais réussir qu'imparfaitement.

Ces caisses-sacs sont préparées sur le chantier et lancées dans le port, d'où elles sont remorquées par des pontons et amenées en flottant sur la place qu'elles doivent occuper. On les y fixe au moyen de petites caisses en bois, amarrées tout autour de la caisse-sac et remplies de boulets ou de gueuses de fonte. La caisse-sac une fois mise en place, on y établit une machine à couler qui pose sur un échafaudage volant, communiquant avec la terre par un pont de service.

Comment on a été conduit à l'emploi des caisses-sacs. On a été conduit à ce mode de fabrication de blocs factices, par un procédé qu'emploient les Italiens, lorsqu'ils veulent réparer les affouillements qui ont lieu dans les maçonneries sous l'eau. Ce procédé consiste à remplir de béton des sacs semblables aux sacs à terre en usage dans la fortification, pour être placés les uns sur les autres dans l'ouverture à fermer. Partant de cette idée, on fit remplir de béton et jeter à la mer, par un gros temps, un sac beaucoup plus grand que les sacs à terre; et au bout de quelques jours, lorsque la mer fut calme, on trouva ce bloc très-dur et très-résistant. Il ne s'agissait plus, pour arriver par un procédé analogue, à en former de toutes pièces qui eussent de très-grandes dimensions, que de construire le sac de manière qu'il ne pût pas crever et de le remplir de béton sur la place même où l'on voulait immerger le bloc : problème qui a été résolu comme on vient de l'exposer, la caisse ci-dessus décrite n'étant autre chose qu'un grand sac en toile dont les parois sont fortifiées par une charpente.

La toile est indispensable pour défendre contre le délavage le béton que l'on immerge frais dans l'eau. La toile qui forme le fond de la caisse est la partie essentielle et capitale de ce mode de construction, celle sans laquelle il serait complétement défectueux. Avec une simple caisse sans fond, il serait impossible que les panneaux fussent découpés rigoureusement suivant le profil du sol sur lequel elle doit reposer ; et d'ailleurs cela fût-il praticable, on n'aurait jamais la certitude de pouvoir immerger la caisse exactement à la place pour laquelle on l'aurait préparée : dès lors il resterait toujours des vides entre la caisse et le sol, et la vague, s'introduisant par-dessous les panneaux de la caisse, pénétrerait dans la masse du béton : au lieu que dans les caisses-sacs, l'action de la vague n'a jamais lieu directement contre le béton lui-même, mais seulement contre la toile qu'elle peut frapper, sans que pour cela la matière qu'elle enveloppe soit délavée.

Ce qu'on avance là se comprend facilement, et un grand nombre d'expériences autorisent à établir en principe : *que toutes les fois qu'on immerge le béton dans une eau qui peut être agitée avant qu'il ait fait prise, ou bien que des sources surgissent du fond sur lequel on le descend* (1), *il est de toute nécessité qu'il soit enveloppé de toutes parts.* Ce principe, posé pour les caisses formées par des panneaux en charpente, doit, à plus forte raison, s'étendre aux enceintes limitées par des pieux : comme ils ne joignent jamais parfaitement, on ne saurait, dans les conditions ci-dessus spécificées, se dispenser d'appliquer une toile contre la surface intérieure de leurs parois, jusqu'au-dessus du niveau de l'eau.

Le délavage que l'on doit redouter, d'abord pendant l'opération du coulage, et ensuite jusqu'à ce que le béton ait acquis une consistance suffisante, rend très-délicat l'emploi de cette matière immergée dans l'eau. Ce n'est qu'après s'être prémuni contre toutes les causes qui tendraient à faciliter ce délavage, que l'on peut adopter avec sécurité ce système de fondation, d'ailleurs si simple, si économique, si expéditif et susceptible de tant d'applications diverses.

La seconde espèce de blocs, celle qui se fait à terre, est fabriquée dans des caisses, dont les quatre cloisons sont formées de poutrelles recouvertes en planches. Le fond sur lequel elles s'assemblent repose sur de grandes poutres réunies entre elles, et inclinées suivant un plan dont l'extrémité aboutit au point où l'on veut immerger le bloc. Ces caisses sont, comme les premières, entièrement vides et sans aucune traverse intérieure. Lorsque le béton dont on les remplit est assez dur,

Seconde espèce de blocs préparés sur berge et immergés à la mer, lorsqu'ils ont acquis une consistance suffisante.

(1) Voir dans les *Annales des ponts et chaussées* une note de M. l'ingénieur Barré Saint-Venant sur l'emploi des toiles imperméables contre les sources de fond.

on enlève les cloisons, et le bloc ainsi dépouillé de son enveloppe est lancé à la mer.

Le mortier que l'on emploie pour la fabrication du béton immergé dans les caisses-sacs est formé d'*une* partie de chaux grasse, éteinte en pâte, mélangée avec *deux* parties de pouzzolane d'Italie.

Pour les blocs faits à terre, la pouzzolane est mélangée avec du sable à parties égales.

La chaux, en usage à Alger, provient d'un calcaire primitif gris, un peu grenu et très-dur, dont la pesanteur spécifique est de 2,500 kilogrammes. Éteinte par le procédé ordinaire et réduite à la consistance d'une bouillie épaisse, elle absorbe une fois et demie son poids d'eau. Elle foisonne dans la proportion de 1 à 1,75.

La pouzzolane employée est la même que celle dont on se sert sur tout le littoral de la Méditerranée pour la confection des mortiers hydrauliques. Elle provient des caves de Saint-Paul, près de Rome. Elle est tamisée sur place, à travers des blutoirs en tôle, percés d'ouvertures rectangulaires de 0^m,002 de largeur sur 0^m,02 de longueur, et distantes entre elles de 0^m,01.

Une partie de chaux avec *deux* parties de pouzzolane donnent *deux* parties de mortier. Si la pouzzolane est brute, il faut huit à dix jours pour que le mortier supporte l'aiguille de M. Vicat sans dépression sensible. Si la pouzzolane est tamisée au blutoir, la vitesse de prise est à peu près doublée, c'est-à-dire qu'au bout de cinq à six jours, l'aiguille n'y laisse plus aucune trace. Le mortier, composé de *un* de sable, *un* de chaux, *un* de pouzzolane blutée, tel qu'il entre dans la confection des blocs de béton coulés à terre, n'atteint le même degré de consistance qu'au bout de huit à dix jours.

Le béton est composé de *un* de mortier avec *deux* de pierrailles concassées à la grosseur de 0^m,04 à 0^m,05, qui donnent un volume de *deux* de béton. Sa pesanteur spécifique est de 2,200 kilog. le mètre cube. Celui dans lequel il n'entre que de la pouzzolane pure, sans mélange de sable, acquiert rapidement une force de cohésion dont l'expérience suivante donnera une idée assez exacte.

Un bloc, après trente-six heures d'immersion, fut dépouillé par une grosse mer de la caisse dans laquelle on venait de le couler, et ainsi mis à nu, il supporta seul, sans la moindre rupture, le choc de très-fortes vagues. Il faut ajouter toutefois, que si le vent ne fût pas tombé et que la mer eût continué à grossir, ce bloc eût infailliblement été détruit.

Un prisme de béton de 0^m,3o de longueur sur 0^m,1o de hauteur, et 0^m,1o de largeur, fabriqué avec un mortier composé de *un* de chaux, *un* de pouzzolane et *un* de sable, séché à l'air et essayé avec la machine décrite par M. le général Treussart (1), a supporté, au bout de vingt jours, un poids de 14o^k,5o avant de se rompre.

Un prisme semblable, immergé immédiatement après sa confection, a supporté, après le même nombre de jours, un poids de 92 kilogrammes.

Les blocs de béton, dont on vient de faire connaître la nature et la fabrication, ont été employés de la manière suivante à la construction du môle d'Alger :

De quelle manière les blocs de béton ont été employés à la reconstruction du môle d'Alger.

1° On a fabriqué sur place, au moyen de béton immergé dans des caisses-sacs, des blocs dont le cube variait de 6o à 200 mètres, la face intérieure de ces blocs, du côté de terre, étant placée suivant la nouvelle direction que l'on a donnée à la ligne du couronnement du môle.

2° On a disposé sur ces premiers blocs des caisses-moules, d'un volume de 10 jusqu'à 5o mètres cubes, qu'on a remplies de béton; et, une fois durcis, ces blocs ont été lancés à la mer, de manière à former une seconde ligne en avant de la première.

3° On a rempli de blocs naturels, cubant depuis 3 jusqu'à 7 mètres, l'intervalle compris entre ces deux lignes de blocs de béton (2).

4° En arrière et à l'abri du masque formé par cette double ligne de défense, on a dragué jusqu'à 2 mètres de profondeur sous l'eau,

___

(1) Page 24 de son Mémoire sur les mortiers.

(2) On ne s'est servi de blocs naturels que dans le but d'accélérer le travail, et parce que l'on se trouvait dans la nécessité de ménager la pouzzolane; mais il sera généralement plus avantageux de n'employer que des blocs de béton.

2

sur une largeur de 3 mètres, et l'on a coulé dans tout cet espace un massif continu de béton.

Il est bien entendu d'ailleurs que ce travail n'a pas été entrepris à la fois sur tout le développement du môle, mais qu'il s'est fait successivement et par parties, de manière à n'entamer dans chaque année qu'une longueur telle qu'elle pût être complétement terminée dans le cours de la campagne.

Cet ouvrage qui a complétement réussi établit de la manière la plus irrécusable : 1° que des blocs de béton présentent une dureté suffisante pour résister aux plus grosses mers sans éprouver aucune altération, et qu'ils forment des masses indestructibles. 2° Que ces masses sont immobiles sous un certain volume, que l'on a trouvé être à Alger de 10 mètres cubes, et qui pourrait peut-être varier un peu dans des circonstances locales autres que celles dans lesquelles on a opéré.

Le môle, duquel dépend la conservation de la darse d'Alger, était en 1830, époque de l'occupation de cette ville par l'armée française, dans un état de délabrement complet et de ruine imminente, malgré les travaux considérables des Turcs, renouvelés tous les ans pendant deux siècles. En employant des blocs de béton au lieu de blocs naturels, on a pu, dans l'espace de cinq années et avec une dépense au-dessous de deux millions, reconstruire cet ouvrage à neuf sur une longueur de près de 200 mètres et lui donner une solidité à toute épreuve.

CHAPITRE II.

Construction du nouveau môle.

Après la reconstruction du môle et dès la fin de la campagne de
1838, on commença l'exécution d'un projet présenté pour l'agrandissement du port d'Alger, au moyen d'un nouveau môle de 500 mètres de longueur, en prolongement de l'ancien : il devait être construit tout entier en blocs de béton de 10 mètres cubes, préparés à
terre, et au bout d'un mois ou de deux, suivant la saison, immergés
à la mer à toute volée, comme le sont les blocs naturels dans les jetées à pierres perdues.

Projet d'un nouveau môle en blocs de béton.

PLANCHE I, fig. 1 et 2.

Dans les travaux précédemment décrits, les blocs se fabriquaient
sur berge, d'où, par un plan incliné, on les lançait à la mer : ce
procédé, suffisant pour fournir une ligne de défense en avant du
môle à reconstruire, ne pouvait plus s'appliquer à l'établissement du
môle neuf en prolongement de l'ancien. Comme il n'eût pas été possible de placer sur des plans inclinés plus de trois à quatre blocs de
front du côté de la mer, il en serait résulté que, devant les laisser un
mois ou deux avant de les immerger, on n'aurait pu parvenir à en
lancer plus de quarante à cinquante dans une année.

Il fallait nécessairement en fabriquer à l'avance un grande quantité sur un chantier, d'où l'on pût ensuite, à mesure qu'ils auraient acquis une consistance suffisante, les transporter jusqu'au point où ils devaient être immergés. Ce problème a été résolu par les moyens suivants, qui sont actuellement en cours d'exécution.

Les blocs de béton ont tous la même forme, celle d'un prisme rectangulaire de 3^m,40 de longueur, sur 2 mètres de largeur et 1^m,50 de hauteur, donnant un cube de 10 mètres (déduction faite du vide des rainures pratiquées en dessous). On les fabrique, en remplissant de béton une caisse qui leur sert de moule. Cette caisse est formée de quatre panneaux, composés chacun de cinq poutrelles, doublées en planches de sapin et assemblées à tenons, par le bas dans une sablière, par le haut dans un chapeau. Les extrémités des sablières et des chapeaux sont assemblées à mi-bois, et resserrées par des coins qui permettent de les faire bien joindre quand on les réunit et de les séparer facilement quand on veut dépouiller le bloc.

Le fond de cette caisse est formé d'une couche de sable de 0^m,05 d'épaisseur, étendue sur le sol même du chantier, afin d'empêcher le béton d'y adhérer. Sur ce sable on place trois petits moules rectangulaires, formés de trois planches, de manière à conserver dans le fond une rainure de 0^m,12 de profondeur sur autant de largeur pour le passage des chaînes qui doivent le soulever.

Pour couler quatre blocs il faut de soixante à soixante-dix hommes travaillant pendant huit heures. Ces blocs sont placés à 1 mètre de distance les uns des autres pour la facilité des manœuvres que leur transport nécessite. Trois charpentiers peuvent démonter et remonter une caisse en une heure. Les mêmes panneaux servent pour la fabrication de cinquante blocs environ, moyennant quelques réparations.

De quatre à six jours après le coulage, on enlève les quatre panneaux que l'on assemble ensuite pour faire un nouveau moule. Ainsi mis à nu, le bloc a acquis au bout d'un mois ou de deux au plus une consistance suffisante pour être lancé à la mer.

Cette dernière opération se divise en deux partielles qui consistent, d'abord à soulever le bloc, et ensuite à le transporter jusqu'au point où l'on doit l'immerger.

Pour soulever le bloc on se sert de deux chaînes que l'on passe dans les rainures ménagées à cet effet, et de quatre vis placées au droit de chaque rainure, des deux côtés du bloc : la tête de la vis porte un maillon auquel on accroche le bout de la chaîne, et son écrou est encastré dans une roue à bras au moyen de laquelle on la fait tourner. Seize hommes, dont quatre à chaque roue, suffisent pour soulever le bloc à 0^m,50 du sol ; cette opération se fait en vingt minutes.

Le bloc étant soulevé, on place dessous un chariot à quatre roues basses qui n'ont que 0^m,25 de diamètre et sont encastrées dans l'épaisseur du bois ; deux planches suivées, disposées sur ce chariot, servent à faciliter la descente du bloc. On le fait avancer sur un chemin de fer au moyen d'un petit cabestan mis en mouvement par huit hommes. Lorsqu'il est arrivé au bout du chemin, on lui donne une légère inclinaison qui suffit pour que le bloc, par son propre poids, glisse sur le chariot en entraînant avec lui les planches suivées.

Le transport des blocs à immerger se fait aussi par mer. Le bloc est descendu dans l'eau sur une cale inclinée jusqu'à ce qu'il plonge de 1 mètre à l'avant. Quand il est fixé dans cette position, on amène une machine composée de deux flotteurs, entre lesquels il se trouve symétriquement placé ; ces flotteurs le saisissent au moyen de chaînes passées en dessous du bloc et le transportent en le maintenant sur l'eau, à l'instar des chameaux dont les Hollandais se servent pour alléger les vaisseaux et les faire passer sur les hauts-fonds. *Second système de transport et d'immersion par eau.*

Les deux systèmes d'immersion des blocs, par terre et par eau, sont employés concurremment à la construction du nouveau môle : les quatre-vingt-cinq mètres de longueur exécutés jusqu'au 1er juin 1840 fournissent une expérience décisive en faveur de ce mode de construction des môles, en blocs de béton de dix mètres cubes jetés irrégulièrement les uns sur les autres. Elle démontre que ces blocs restent invariablement dans la position où on les a immergés.

On a relevé sur les quarante derniers mètres du nouveau môle huit *Planche II.*

fig. 5, 6, 7,
8, 9, 10, 11 et
12.
profils en travers également espacés : bien que différents entre eux, ils donnent généralement, pour les talus suivant lesquels les blocs s'arriment, 1 de base sur 1 de hauteur du côté du large, et $\frac{1}{2}$ de base sur 1 de hauteur vers l'intérieur du port. Il résulte ensuite des cubes calculés d'après ces profils et comparés avec les attachements que l'on a tenus des quantités de blocs immergés de l'un à l'autre, que les vides sont à peu de chose près le tiers des pleins, ou, ce qui revient au même, qu'il y a un quart de vide dans la masse totale.

Ces observations n'ont pas été encore assez multipliées pour qu'il soit permis de généraliser les conclusions que nous venons d'en déduire : il sera nécessaire de les contrôler par les résultats que l'on obtiendra en opérant de la même manière pendant les années suivantes. Mais elles peuvent être considérées dès à présent comme fournissant une approximation suffisante, et servir de base aux évaluations des projets que l'on aurait à dresser pour l'établissement des môles en blocs de béton. Elles donnent le cube effectif des matériaux qui entrent dans un môle dont la longueur, la largeur en couronnement et les diverses profondeurs sont déterminées, d'où l'on déduit la dépense à laquelle il doit s'élever.

PLANCHE II,
fig. 3 et 4.
Lorsque la base en blocs de béton du môle d'Alger, établie comme on vient de l'exposer, sera terminée sur toute la longueur, le reste du corps de cet ouvrage, dont le couronnement sera à 6 mètres au-dessus de l'eau, s'achèvera en béton, coulé sur place dans des encaissements qui auront la forme du profil qu'il doit affecter.

En arrière du revêtement en blocs de béton, on peut former, du côté du port, des quais de telle largeur qu'on le juge convenable, au moyen d'un simple remblai en moellons ordinaires, établi jusqu'à 5 mètres au-dessous de l'eau et sur lequel on élève un massif en béton immergé dans des caisses-sacs.

CHAPITRE III.

Vices du système ordinaire de construction à pierres perdues , et avantages qui résultent
de la substitution des blocs de béton aux blocs naturels.

Le système généralement employé de nos jours pour la construc- Jetées à pierres perdues.
tion des jetées à la mer est celui qu'on connaît sous le nom de jetées
à pierres perdues. Il était pratiqué chez les anciens, ainsi qu'on le
voit par le port de Civita-Vecchia, qui fut construit sous Trajan. Les
modernes en ont fait de nombreuses applications, et la plus remar-
quable entre toutes est la digue de Cherbourg , qui , commencée en
1784, n'est pas encore aujourd'hui terminée.

Les matériaux qui entrent dans la composition de ces jetées varient généralement en volume depuis 0^m,20 jusqu'à 2 et 3 mètres :
sous ce cube ils sont remués et bouleversés ; mais, suivant l'opinion
des partisans de ce mode de construction , cet effet a un terme et l'action de la vague travaille elle-même à faire prendre à la masse un certain talus sous lequel elle devient capable de résister aux coups de
mer les plus violents.

Ce talus se compose de deux pentes comprises, celle du haut entre Leur profil de plus grande stabi-lité.
le $\frac{1}{6}$ et le $\frac{1}{10}$, et celle du fond entre $\frac{1}{1}$ et $\frac{1}{1\frac{1}{2}}$. La profondeur à laquelle
l'inflexion a lieu varie entre les limites de 4 et 7 mètres à partir des
basses eaux , suivant les différentes intensités des effets de la mer dans

les diverses localités. On admet généralement qu'au-dessous de cette profondeur la mer cesse d'être agitée, et que c'est là ce qui détermine le changement de pente. Toutefois, il faut reconnaître que l'agitation ne fait que diminuer, mais sans jamais cesser entièrement. Un grand nombre de faits vulgaires prouve qu'elle conserve encore une grande puissance jusqu'à des profondeurs de 10 et même de 20 mètres au-dessous de l'eau.

Pendant les gros temps, les eaux deviennent troubles autour des côtes jusqu'à une certaine distance au large, par suite de l'action même des vagues sur le fond de la mer, action assez forte pour en détacher les plantes marines et les madrépores qui se déposent sur les plages où on les trouve en abondance après chaque coup de vent. C'est pour cette raison aussi que les pêcheurs, après que le calme a reparu, sont obligés d'attendre un ou deux jours avant d'aller jeter leurs filets, parce que la vase du fond sur laquelle les poissons s'arrêtent a été bouleversée, et il faut qu'elle soit reposée pour qu'ils viennent s'y remettre (1).

Vices inhérents à ce mode de construction. Lors même que la stabilité du profil affecté par la masse des blocs serait admise, il ne s'ensuivrait pas que ces blocs ne subissent aucun déplacement, mais seulement que leur mobilité, au lieu d'être indéfinie, se trouve circonscrite dans certaines limites, de même que les sables et galets d'une plage naturelle, bien que le profil affecté par cette plage reste toujours le même, n'en sont pas moins mis en mouvement par la vague : et ce qui prouve qu'en effet les blocs n'arrivent jamais à un état d'immobilité absolue, c'est le bruit qu'on les entend faire en roulant les uns sur les autres toutes les fois que la mer est grosse. D'ailleurs, puisque l'on est forcé de reconnaître qu'ils sont remués jusqu'à ce que leur masse affecte le profil convenable à l'état de stabilité, ils doivent nécessairement, tant que ce déplacement dure,

(1) M. Aimé, professeur au collége d'Alger et membre de la commission scientifique, a fait sur le mouvement des vagues des expériences directes, qui établissent que ce mouvement est encore très-sensible à des profondeurs de 15 à 20 mètres. Les intéressants résultats obtenus par ce jeune savant ont été consignés dans plusieurs mémoires qu'il a adressés à l'Institut.

s'user par le frottement; et il ne faut pas un temps très-long pour que les effets de ce frottement deviennent sensibles; car il suffit d'un seul hiver pour arrondir sur toutes les faces de gros libages à formes anguleuses et d'une grande dureté. On sait que les galets et les sables se forment ainsi, du moins en partie, le long des côtes, par le mouvement de blocs que la vague roule contre les falaises.

Indépendamment de ces effets destructifs qui peuvent ne se développer que lentement, il en est d'autres qui se manifestent en cours même d'exécution. On accorde généralement que les musoirs doivent être construits avec des masses beaucoup plus considérables que celles qui entrent dans le corps des jetées, afin d'empêcher l'encombrement des passes du port par le déplacement des matériaux, qui, se trouvant sans appui, sont transportés autour de ces musoirs, le long de leur face intérieure : or, les diverses sections transversales d'une jetée en construction forment l'une après l'autre tête à la mer, à chaque période de son avancement. Les matériaux qui la composent doivent donc être entraînés autour de chacune des parties par lesquelles elle se termine successivement, et transportés ainsi dans l'intérieur de l'espace de mer que l'on veut fermer pour y produire le calme; et, si cette jetée est établie parallèlement au littoral et à peu de distance, il est inévitable que ce déplacement de matériaux produise une diminution de fond sur la plus grande partie de la superficie du port.

Après avoir exposé les vices inhérents au système des pierres perdues, il reste à parler des difficultés qu'il présente dans l'exécution. Dans ce que nous allons dire à ce sujet, afin de mieux fixer les idées, nous prendrons pour exemple ce qui s'est fait à Alger; les résultats auxquels a donné lieu l'emploi des blocs naturels dans ce port peuvent s'appliquer également aux autres localités. *Difficultés qu'il présente dans l'exécution.*

1° On ne trouve pas toujours, à proximité des jetées à construire, des carrières propres à fournir des blocs assez durs pour résister à des chocs violents et pour ne pas s'altérer à la longue dans l'eau.

2° L'exploitation des carrières qui remplissent ces conditions occasionne un déchet énorme. On est généralement d'accord sur ce point,

3

qu'il ne faut pas employer de blocs au-dessous d'un volume de 0^m,5o à 0^m,75, et l'opinion des ingénieurs qui, d'après M. Cachin, admettaient que les plus petits matériaux étaient non-seulement utiles, mais encore nécessaires pour remplir les vides des gros et former avec eux une masse compacte et impénétrable à la lame, est à peu près abandonnée aujourd'hui. Or, à Alger, les carrières ne donnent qu'un tiers du cube exploité en blocs dont le volume soit de 0^m,5o à 0^m,75; les deux autres tiers ne consistent qu'en libages et moellons au-dessous de ces dimensions.

3° Les petits blocs, jusqu'à 2 mètres cubes, se transportent soit au moyen de trique-balles, soit sur des chariots bas à deux roues, ayant la forme de baquets; on les charge au moyen d'un treuil qui est placé sur le devant du chariot. Le transport (bardage, chargement, et déchargement compris) revient à 14 francs le mètre cube. Pour les blocs de plus de 2 mètres, il s'effectue sur de très-forts chariots à quatre roues auxquels on attelle jusqu'à 28 à 3o chevaux, lorsque le cube du bloc est de 6 à 7 mètres.

4° Le bardage dans la carrière, ainsi que le chargement, se fait au moyen de plusieurs crics. Toutes les fois que le terrain le permet, on accule le chariot à un chargeoir en contre-bas du terre-plein sur lequel repose le bloc que l'on fait ensuite, au moyen de rouleaux, glisser jusque sur le chariot. Cette manœuvre, quoique longue, est encore la plus facile à exécuter; mais elle n'est pas praticable pour tous les blocs.

On peut se faire une idée des difficultés que présentent ces opérations, d'après les prix auxquels on les payait à Alger. Le bardage revenait à 4 francs le mètre cube pour des blocs de 2 à 3 mètres, et à 8 fr. pour des blocs de 6 à 7 mètres. Le chargement et le déchargement reviennent à 3 francs par mètre cube de blocs de 2 à 3 mètres, et à 7 francs par mètre cube de 6 à 7 mètres. Sans doute le bardage et le chargement des gros blocs, si l'on en avait une quantité considérable à transporter, pourraient être simplifiés, à l'aide de machines ou apparaux que l'on établirait dans les carrières; mais on ne pourrait jamais arriver à rendre ces opérations assez faciles pour en réduire les prix d'une manière notable.

5° Les blocs une fois chargés, leur transport de la carrière jusqu'au point où on les immerge, s'il a lieu sur un chemin ordinaire, revient à des prix très-élevés. A Alger, il a été reconnu qu'il ne pouvait pas se faire à moins de 16 francs le mètre cube, pour un parcours de 2000 mètres, et pour des blocs dont le volume était compris entre les limites de 3 à 8 mètres cubes.

Le cas le plus favorable serait celui où la carrière se trouverait au point même où la jetée vient s'enraciner dans le sol, ainsi que cela s'est rencontré au port de Ratoneau, à l'entrée de Marseille. Mais cette circonstance se présente rarement : il y aura presque toujours une certaine distance à franchir entre la carrière et la jetée; et, suivant que cette distance sera plus ou moins longue, et que l'espace à parcourir offrira plus ou moins d'obstacles à l'établissement d'un chemin de fer continu, les difficultés du transport seront plus ou moins considérables : dans un grand nombre de localités, cette construction d'un chemin de fer reliant les carrières à la jetée serait complétement inexécutable.

6° Dans ce que nous venons de dire, nous n'avons eu en vue que des jetées partant de terre; mais s'il s'agit de digues isolées, on sera forcé d'employer alors, comme on l'a fait à Cherbourg, un système mixte de transport par terre et par eau; et il est facile de se convaincre que les procédés en usage à Cherbourg, qui sont les plus ingénieux et les mieux combinés que l'on puisse imaginer pour des blocs tels que ceux dont la digue est formée et qui n'excèdent jamais 2 à 3 mètres cubes, deviendraient d'une application extrêmement difficile, lorsqu'il s'agirait de masses d'un volume plus considérable.

Les vices et les difficultés que nous venons de signaler dans le mode de construction à pierres perdues disparaissent, quand on substitue aux blocs naturels de 0m,40 à 2 mètres, du poids de 1,000 à 5,000 kilogrammes, des blocs de béton de 10 mètres cubes, donnant un poids de 22,000 kilogrammes. Les ouvrages qui ont été

Avantages du système de construction en blocs de béton.

exécutés au port d'Alger dans ce dernier système en démontrent complétement la supériorité. Il présente, sur la méthode des pierres perdues, de nombreux avantages dont les principaux sont : 1° Une stabilité obtenue immédiatement, tandis qu'au contraire elle n'est jamais
assurée avec les enrochements ordinaires; 2° Une facilité incompara-
blement plus grande dans le transport des matériaux, généralement
si pénible et si coûteux pour ceux que l'on extrait des carrières,
dès que leur volume dépasse 2 ou 3 mètres; 3° Une diminution
considérable dans la section du profil affecté par les jetées, et par
suite une économie notable dans les dépenses; 4° Enfin, une exécution
applicable partout, aujourd'hui que les progrès opérés dans l'art des
mortiers hydrauliques permettent de fabriquer des bétons dans toutes
les localités.

PLANCHE II,
fig. 2.

CHAPITRE IV.

Examen des autres systèmes les plus connus parmi ceux qui ont été appliqués ou proposés
pour la fondation des ouvrages à la mer.

Le système des pierres perdues était très-usité chez les anciens, *Systèmes de construction à la mer en usage chez les anciens.*
ainsi qu'on l'a déjà dit; mais il n'est pas le seul qu'ils aient appliqué à
la fondation des ouvrages à la mer; et pour ne parler que des Romains, ils y ont souvent employé le béton dont ils faisaient un si fré-
quent usage. Le pont de Caligula, que l'on voit encore à Pouzzole,
près de Naples, et qui n'est autre chose qu'un môle formé d'une suite
de piles, est tout entier en béton. Vitruve, qui ne nous a laissé d'ail- *Deux procédés décrits par Vitruve.*
leurs que des renseignements assez incomplets sur les divers procé-
dés en usage de son temps pour les travaux hydrauliques maritimes,
en décrit deux, qui rentrent dans ceux que nous avons exposés précédemment, savoir : 1° *Dans une mer qui n'est pas très-agitée, l'im-* *Caisses sans fond.*
mersion du béton dans des caisses sans fond. Tout ce qu'il dit à ce
sujet est incomplet et peu satisfaisant. 2° *Dans une localité exposée à* *Blocs de béton préparés sur berge et lancés à l'eau.*
la violence des vagues, le jet à l'eau de blocs de béton construits à terre.
Il indique le moyen suivant pour exécuter cette opération. On dispose à l'avance le terrain suivant une plate-forme composée d'une

partie de niveau et d'une autre partie, plus longue que la première,
inclinée du côté de la mer ; à l'extrémité et sur les côtés de ce plan
incliné, on élève un mur en maçonnerie, de telle manière qu'il vienne
arraser le niveau de la plate-forme horizontale : le vide compris entre
ce mur et le plan incliné est rempli de sable. Lorsqu'on veut lancer
le bloc, on démolit le mur, et, les premières vagues qui arrivent jusqu'à la plate-forme enlevant le sable, le bloc qui se trouve en porte-
à-faux descend à la mer.

Ce passage curieux du célèbre traité de l'architecture ancienne mé-
ritait de fixer l'attention des ingénieurs : il renferme l'énoncé d'un
fait très-important et dont la tradition semble s'être complétement
effacée jusqu'ici, puisqu'il n'a été reproduit dans aucun autre ouvrage
et que l'on n'en connaît aucune application pratique ; savoir : l'emploi par les Romains, dans les constructions à la mer, du béton
en masses isolées, à l'instar des blocs naturels que l'on extrait des
carrières.

Petites caisses prismatiques dont parle Bélidor. Bélidor n'en fait aucune mention ; il parle seulement d'un procédé
usité dans quelques contrées où la pierre est rare, et qui consiste à
remplir de béton de petites caisses ayant la forme de prismes rectangulaires, cubant 0^m,35, qu'on descend au moyen de cordes, de
manière à les enchevêtrer régulièrement les uns sur les autres. Il
n'entre dans aucun détail sur la manière d'exécuter cette opération,
qui exigerait une précision et une régularité de pose bien difficiles à
obtenir, quelque faible que soit le volume des caisses, dès qu'il s'agit
de les descendre à une certaine profondeur sous l'eau : et sans parler
de l'énorme consommation de bois qu'un pareil système entraînerait
avec lui, il est essentiellement défectueux en raison des faibles dimensions des caisses.

Système généralement suivi dans toute l'Italie. Bélidor donne aussi la description du mode suivi pour la fondation
du môle de Nice et qui est généralement adopté en Italie. Il consiste à
établir la base en enrochements, jusqu'à la profondeur de 5 à 6 mètres sous l'eau, et le reste en maçonnerie qui se construit dans des
caisses étanches où les ouvriers travaillent à sec : la caisse s'enfonce

ainsi successivement jusqu'à ce qu'elle vienne s'échouer sur la base d'enrochements.

Il est facile de comprendre tout ce que ce mode d'opérer a de vicieux. Le fond de la caisse reposant sur un sol inégal et mobile, il en résulte que la masse de maçonnerie qu'il supporte doit se disjoindre en plusieurs parties. Aussi les môles ainsi construits ne sauraient-ils avoir qu'une très-courte durée : des avaries graves ne peuvent tarder à s'y manifester, et ce n'est qu'à force d'enrochements qu'on parvient à en arrêter pour quelque temps la ruine complète. On peut vérifier cette assertion sur le môle de Gênes qui couvre le port à l'est, et à la tête duquel on travaille continuellement pour réparer les dégradations que la mer ne cesse d'y faire.

Vices qu'il présente.

Il faudrait pour corriger, du moins en partie, les vices de ce système, remplacer les caisses étanches et à fond plat, dans lesquelles on élève une maçonnerie à sec, par des caisses-sacs que l'on remplirait de béton immergé dans l'eau. Et pour obtenir une solidité complète et assurée, il serait en outre nécessaire de former la base en blocs de béton d'au moins 10 mètres cubes, au lieu de l'établir en enrochements ordinaires.

Modifications essentielles à y introduire.

On pourrait aussi faire porter immédiatement la caisse-sac sur le sol naturel, pourvu toutefois que la profondeur ne dépassât pas 7 à 8 mètres, parce qu'au delà de cette limite il faudrait des caisses d'une trop grande dimension. La seule condition nécessaire pour la réussite de ce mode de fondation aussi simple qu'avantageux, c'est que la caisse, immergée par un beau temps, puisse être rapidement remplie sans que l'on coure la chance d'être surpris pendant l'opération par une grosse mer qui pourrait, ou détruire toute la masse de béton à laquelle il faut quelques jours pour acquérir une consistance suffisante, ou du moins, en l'amaigrissant par le délavage, lui ôter toutes ses bonnes qualités.

Le système des grandes caisses coniques, imaginé par de Cessart et employé par lui à la digue de Cherbourg, rentre dans celui des caisses sans fond décrit par Vitruve; seulement l'ingénieur français négligea

Caisses coniques de de Cessart.

3*

la partie essentielle du procédé exposé par l'architecte romain, savoir :
le remplissage de la caisse au moyen d'une maçonnerie qui durcisse
dans l'eau, de manière à pouvoir résister seule et par elle-même lorsque la charpente vient à être enlevée. Au lieu de ne la considérer
que comme l'enveloppe provisoire du massif à construire, il s'attacha
à l'idée de lui donner une solidité telle qu'elle pût seule soutenir l'effort de la vague. On a de la peine à comprendre qu'un constructeur
aussi habile ait pu tomber dans une aussi grave erreur et ne pas pré-
voir que, quelque solides que fussent les pièces qui composaient la
charpente et par quelque artifice d'assemblage qu'elles fussent réunies,
la caisse serait infailliblement détruite après quelques coups de mer,
malgré le remplissage de petites pierres dont on l'aurait lestée. En
adaptant un fond de toile aux caisses coniques et en substituant le béton
aux petites pierres, on aurait un système qui pourrait, dans certains
cas, être avantageusement employé.

Théorie du
colonel Émy
sur le
mouvement
des ondes.

M. le colonel Émy publia en 1831, sur le mouvement des ondes
et sur les travaux hydrauliques maritimes, un ouvrage important
qui fixa l'attention des ingénieurs. Il se divise en deux parties dis-
tinctes, l'une théorique et l'autre pratique. Dans la première, l'auteur présente des vues nouvelles sur le mouvement des molécules
d'eau dans les vagues, molécules qui, d'après lui, parcourent une
courbe fermée et non une verticale, ainsi qu'on l'admettait généralement depuis Brémontier. Cette hypothèse est en effet beaucoup
plus conforme à la réalité; mais les conséquences qu'en tire M. Émy,
relativement à l'existence d'un phénomène nouveau qu'il nomme
les *flots de fond*, sont loin de présenter un caractère de certitude
rigoureuse.

Partant de ce phénomène comme d'un principe irrécusable, il arrive à cette conclusion, que le seul moyen d'établir à la mer des ouvrages qui puissent durer, c'est de leur donner au côté du large un
profil concave : assertion mal fondée, puisqu'il suffit, pour obtenir
une solidité à toute épreuve, de n'employer que des blocs d'un volume suffisant. Sans aucun doute un profil concave serait avantageux

contre les affouillements; mais il n'est exécutable qu'autant qu'on travaille à sec, ainsi que l'a fait M. Emy lui-même dans l'île de Ré, où il l'a appliqué avec succès.

Quant aux deux procédés qu'il propose pour l'établissement de ce profil, ils ne sont nullement satisfaisants. L'immersion du béton dans des caisses à fond plat, dont les parois seraient reliées par des traverses intérieures et dont le profil présenterait une courbe tangente au sol, est essentiellement défectueux. D'abord, la première de toutes les conditions pour la réussite du béton immergé dans l'eau, c'est qu'on le coule dans un espace entièrement vide et qu'il n'existe aucune traverse intérieure dans l'enceinte qu'il doit remplir; ensuite, toute espèce de façon dans les formes de cette enceinte doit être rigoureusement proscrite; il est de toute nécessité que les parois en soient verticales, pour que le béton se conserve bien compacte et bien homogène après sa sortie de la caisse de versement : sans cela le mortier se séparerait de la pierraille, qui seule arriverait dans les angles aigus : enfin le fond plat de la caisse empêcherait la masse de prendre une assiette stable sur les aspérités du sol qu'elle embrasse.

Le second mode de construction en blocs de béton hexagonaux de 36 mètres cubes chacun, préparés à terre et transportés par mer, quoique bien préférable au premier, laisse cependant beaucoup à désirer. Le système proposé par M. Émy pour la suspension du bloc à la tonne ne présenterait pas une solidité suffisante, pour peu qu'il y eût de mer; il est permis aussi d'élever des doutes sur la réussite du mode qu'il emploie pour poser les blocs par assises régulières les uns sur les autres; et d'ailleurs cette régularité de pose, sans parler des difficultés qu'elle présenterait, n'est pas nécessaire pour la solidité. L'expérience des ouvrages exécutés au port d'Alger a démontré, ainsi qu'on l'a vu, que des blocs de béton de 10 mètres cubes, échoués irrégulièrement les uns sur les autres, s'arrangent entre eux de manière à former une masse dans laquelle les vagues ne peuvent opérer aucun déplacement, en raison de la résistance que chaque bloc isolément oppose à leur action.

Vices des deux modes de construction qu'il propose pour l'établissement d'un profil concave.

4

Un savant ingénieur, M. Virla, dans la critique approfondie qu'il
a faite de l'ouvrage de M. Émy, a donc pu le combattre avec avantage
sur ses méthodes de construction ; mais il n'en reste pas moins à M. le
colonel Émy le mérite d'avoir fait victorieusement ressortir les vices
du système des pierres perdues : et si les procédés qu'il propose de substituer à ce mode de fondation ne sont pas satisfaisants, c'est sans aucun
doute parce qu'il lui a manqué la sanction de l'expérience, indispensable pour rectifier les conceptions de l'esprit, même le plus pénétrant.
D'ailleurs, on le répète, en s'attachant à l'idée d'établir *à priori* les
ouvrages à la mer suivant un profil régulier et déterminé, comme
à une condition *sine quâ non* de stabilité, il partait d'un mauvais
principe qui ne pouvait que l'égarer dans l'application.

SECTION DEUXIÈME.

CHAPITRE V.

Confection des bétons.

Dans la première section, on n'a exposé que très-sommairement les procédés à employer pour confectionner et immerger des blocs de béton. On va donner dans celle-ci tous les développements et tous les détails nécessaires au constructeur qui voudrait appliquer ces procédés. On parlera d'abord des matières constituantes des mortiers, ensuite de leur confection et de celle des bétons; enfin on décrira successivement toutes les opérations à faire pour préparer les blocs et les immerger, soit qu'on les lance de terre, soit qu'on les mette à flot pour les transporter par eau.

On supposera dans ce qu'on va dire que les mortiers hydrauliques se confectionnent avec des chaux grasses ordinaires et des pouzzolanes, ainsi que cela a lieu à Alger. Dans ce cas, l'extinction par fusion est la plus convenable. Elle se fait dans un couloir qu'on remplit d'eau. Dès

Chaux.

que la chaux commence à fuser, on la remue avec un rabot, et lorsqu'elle est suffisamment délayée pour pouvoir passer à travers la grille
qui est au bout du couloir et dont les barreaux sont espacés de
o^m,o2, on lève la vanne, et la chaux coule dans un grand bassin ou
réservoir dans lequel on la conserve. Au bout de quelques jours,
elle a acquis une consistance pâteuse qui permet de la faire sortir à la
pelle et de la transporter dans des brouettes.

La chaux grasse ordinaire absorbe une fois et demie son poids
d'eau pour passer à l'état de fusion complète; son foisonnement varie
entre o^m,75 et 1 pour 1.

Pouzzolane.

La pouzzolane peut être artificielle ou naturelle. Nous ne dirons
rien de celle de la première espèce, sur laquelle M. l'ingénieur Jul-
lien (1) a donné des renseignements assez détaillés pour qu'il soit facile, sans autre secours, d'en fabriquer partout où l'on reconnaîtra
qu'elle doit revenir à meilleur marché que la pouzzolane naturelle (2).
Nous ne parlerons que de celle-ci, et spécialement de celle d'Italie, que
l'on expédie de Rome et qui est la plus généralement employée sur
tout le littoral de la Méditerranée. La plus estimée provient des caves
dites de Saint-Paul, situées près de l'église de ce nom. Elle se transporte par voiture jusqu'au Tibre, et de là sur des bateaux qui la descendent jusqu'à Civita-Vecchia, où les navires marchands viennent la
chercher. Le commerce la fournit telle qu'on l'extrait naturellement
des terrains qui en sont formés : dans cet état, elle est composée de

Avantage que
l'on trouve à
l'employer
tamisée.

parties plus ou moins fines. Or, l'expérience démontre que les plus
ténues sont les seules qui agissent pour rendre les mortiers hydrauliques,
et que dès qu'elles atteignent une certaine grosseur, par exemple celle
du sable de mer, elles sont aussi complétement inertes que le sable

(1) Annales des ponts et chaussées, 2e semestre de l'année 1834.

(2) Nous avons continué pendant toute une année, sur les pouzzolanes artificielles, une
série d'essais dont les principaux résultats se trouvent consignés dans des tableaux placés à
la fin de ce Mémoire. Ces essais nous avaient conduit à reconnaître qu'il y aurait de l'é-
conomie à fabriquer la pouzzolane à Alger même au lieu de la faire venir d'Italie, et nous
avions en conséquence fait construire, auprès de l'établissement des fours à chaux, deux
fours et un vaste hangar pour la confection d'une pouzzolane factice.

lui-même (1). Il résulte de là que le degré de finesse de la pouzzolane influant sur la plus ou moins prompte solidification du mélange, il importe de l'employer dans le plus grand état de ténuité possible toutes les fois que l'on a besoin d'obtenir une grande vitesse de prise.

Conformément à ce principe, la pouzzolane qu'on expédiait d'Italie pour les travaux du môle était tamisée à Alger. Elle donnait la moitié de son volume pour résidu, et cette moitié, broyée au manége et tamisée de nouveau, laissait à peu près un dixième de déchet. Cette triple opération, savoir : le premier tamisage, la trituration du résidu et le tamisage de ce résidu, revenait environ à 12 francs par mètre cube, y compris le déchet définitif; et le produit obtenu par la pulvérisation était d'une qualité de beaucoup inférieure à celui qui venait du premier tamisage.

Il était donc plus simple et plus avantageux de faire tamiser la pouzzolane à Rome, sur les lieux mêmes d'où on la tirait; comme cette substance a fort peu de valeur intrinsèque, la perte provenant des résidus est à peu près nulle, et il y a lieu seulement de tenir compte des frais occasionnés par la main-d'œuvre du tamisage. Sur un rapport que nous fîmes à ce sujet nous fûmes autorisé à nous rendre à Rome pour y prendre les dispositions les plus propres à assurer le succès de cette opération. Nos prévisions se trouvèrent complétement réalisées, et depuis lors la pouzzolane ne s'expédie plus à Alger que toute tamisée, à travers un blutoir cylindrique en tôle, dont les ouvertures ont deux millimètres de largeur. Dans cet état elle est revenue en 1837 à 42 francs le mètre cube; en 1839 on l'a offerte à 39 francs, c'est-à-dire seulement 3 francs de plus que la pouzzolane brute. On pourrait l'obtenir aussi fine qu'on le voudrait, en em-

PLANCHE III.
fig. 1, 2, 3,
4 et 5.

(1) M. Vicat, dans une note qu'il a insérée au n° 5 des Annales de 1839, fait observer qu'il ne faudrait pas conclure de cette expérience que l'énergie de la pouzzolane dépend des dimensions physiques de ses parties. Il rappelle que c'est l'affinité chimique qui préside à la solidification des alliances de chaux grasses et pouzzolane, et que la ténuité agit là comme dans les composés chimiques en favorisant l'intimité du mélange. Je remercie ce célèbre ingénieur d'avoir bien voulu relever ce qu'il y avait d'équivoque dans l'énoncé du fait que j'ai rapporté.

ployant un blutoir en tôle ordinaire, qui serait enveloppé par un second blutoir en toile métallique, à travers lequel viendrait passer le
produit du premier.

La plus grande vitesse de prise, si essentielle à la réussite des bétons que l'on immerge frais dans une eau exposée à l'agitation, n'est
pas le seul avantage que les localités où l'on se sert de la pouzzolane
d'Italie doivent trouver à l'employer toute tamisée. Il en résulte une
économie notable qui peut aller jusqu'à près de cent pour cent pour
les mortiers qui n'ont pas besoin d'une grande vitesse de prise, tels
que sont, par exemple, ceux qui servent à la fabrication des blocs de
béton préparés à terre. En mélangeant à parties égales la pouzzolane
qui coûte 39 francs le mètre cube avec le sable qui vaut 3 francs, on
a pour 42 francs deux mètres cubes, ou, pour 21 francs, un mètre cube
de matière de même énergie que la pouzzolane brute qui se payerait
36 francs. Alger n'est pas la seule localité qui doive recueillir le bé-
néfice de cette mesure : il s'étendra à tous les chantiers dans lesquels on emploie la pouzzolane d'Italie, c'est-à-dire à tout le littoral
de la Méditerranée; et bientôt cette matière ne se trouvera plus qu'à
cet état dans le commerce (1).

Confection du mortier.

PLANCHE III, fig. 6, 7, 8, 9, 10, 11, 12, 13 et 14.

Les matières qui doivent composer le mortier sont mélangées dans
un tonneau, dans l'intérieur duquel sont disposés, autour d'un arbre en
fer qui le traverse par son milieu, cinq croisillons dont deux fixes et
trois mobiles : chaque croisillon a quatorze branches, dans chacune
desquelles sont implantées des dents en forme de râteau, savoir :
quatre aux croisillons mobiles et trois aux croisillons fixes. L'arbre
pivote par le bas dans une crapaudine et tourne par le haut dans un
collier formé par la réunion de deux barres de fer plat, assujetties au

(1) M. Vicat, dans la note déjà citée, témoigne la crainte que les marchands de pouzzolane
ne cherchent à frauder, en y introduisant des matières étrangères, dont il serait plus difficile, la pouzzolane étant tamisée, de constater immédiatement la présence. Il suffit, pour
être complétement rassuré à cet égard, de savoir qu'à Rome la pouzzolane forme le sol d'une
grande superficie de terrain et qu'il serait bien difficile de trouver une substance à meilleur
marché.

tonneau par quatre boulons. Il s'élève à o^m,6o au-dessus du tonneau de
manière à permettre aux hommes qui y versent les matières de circuler
librement tout autour, sans être obligés de se baisser : il se termine
par un bout carré et une embase, sur laquelle repose la manivelle, qui
est en fer carré de o^m,o7. Celle-ci a un fort empattement, avec une
mortaise au milieu pour recevoir l'extrémité de l'arbre. Sa longueur
totale est de 6 mètres, et se trouve coudée à 1^m,5o de chaque côté du
tonneau, de manière à la descendre de o^m,8o pour la mettre à la portée
des tourneurs.

Le tonneau est évasé ; il a 1^m,3o de hauteur ; son diamètre moyen
est de 1^m,o5, sa contenance effective est de o^m,8o ; les douves et le
fond sont en bois de chêne de o^m,o4 d'épaisseur, et sont reliés par cinq
cercles en fer de o^m,o5 de largeur, sur o^m,o1 d'épaisseur. Au bas de ce
tonneau est une ouverture carrée de o^m,2o, fermée par une porte en
tôle à coulisse, qui se soulève au moyen d'un levier à bascule. C'est
par cette porte que se fait l'évacuation du mortier, lorsqu'il est suffisamment mélangé. Une autre ouverture est placée en face et fermée
avec une porte en tôle à loquet simple ; elle facilite le nettoiement du
tonneau, qu'elle permet, au moyen d'une curette, de dégager des
corps étrangers qui auraient pu s'y introduire. Deux portes semblables
ayant la même destination, sont placées vis-à-vis l'une de l'autre,
entre deux cercles, vers le milieu du tonneau.

On verse les matières dans le tonneau au moyen de mannes d'o-
sier, contenant o^m,o1 de mètre cube, de manière à les doser suivant
les proportions établies, en ajoutant petit à petit la quantité d'eau
nécessaire pour tenir le mortier à l'état d'une pâte consistante. Cette
quantité varie suivant le degré de dureté de la chaux et la plus ou
moins grande siccité de la pouzzolane et du sable. Avec de la chaux
en fusion, éteinte depuis trois jours, et du sable et de la pouzzolane
secs, on a trouvé qu'il fallait o^m,o7 d'eau pour 1 de mortier. Pendant
que l'on verse les matières, on tourne en même temps la manivelle;
au bout de quinze à seize minutes, on ouvre la porte du bas, par laquelle on laisse s'écouler le mortier, et si l'on s'apercevait que le mé-

lange ne fût pas complet, on fermerait la porte un instant. On continue à verser les matières à mesure que l'évacuation s'opère, et l'on parvient ainsi à faire 10 mètres cubes de mortier dans trois heures, ou 30 mètres dans une journée de neuf heures de travail.

Les ouvriers qui composent l'atelier de fabrication du mortier dans le tonneau se répartissent de la manière suivante :

A sortir la chaux du bassin. 1
A la charger. 1
A la rouler à un relais de 30 mètres. 2
A rouler la pouzzolane   id. 5
A approcher la chaux et la pouzzolane du tonneau. . 6
A porter l'eau. 1
A charger le tonneau. 2
A tourner la manivelle (1). 10
                                  Total. 28

Confection du béton.

PLANCHE VIII, fig. 24 et 25.

Les proportions pour le béton sont *une* partie de mortier pour *deux* de pierraille. Le mortier se transporte dans une brouette destinée spécialement à cet objet, et qui contient $0^m,04$; on le verse sur un tablier en planches de 4 mètres de côté, sur lequel se fait le mélange qui devient ainsi plus facile sur le sol, parce que la surface étant bien unie, la pelle y manœuvre plus librement. La pierraille, après avoir été mouillée pour que le mortier y adhère mieux, est apportée dans des brouettes ordinaires de la même contenance que les brouettes à mortier, et l'on retourne le mélange jusqu'à ce qu'il soit bien intime.

Remplissage de la caisse-moule.

Quand il est terminé, deux pelleurs le jettent dans la caisse qui forme le moule du bloc à fabriquer : dans l'intérieur de cette caisse est placé un ouvrier chargé de piétiner le béton ; il est chaussé de

---

(1) A Alger, on emploie dix hommes pour tourner la manivelle en raison du bon marché de la main-d'œuvre des condamnés militaires ; mais si l'on n'avait à sa disposition que des ouvriers libres, il vaudrait mieux adapter au tonneau un manége mû par des chevaux. On pourrait également, au lieu du tonneau, se servir d'un mortier semblable à celui que M. le général Treussart a décrit dans son mémoire. On en avait d'abord fait confectionner un au môle ; mais on y avait renoncé par la suite, le tonneau, en raison de sa mobilité, ayant été trouvé plus commode.

grosses bottes et armé d'une spatule qui lui sert à remplir les angles de la caisse. Cette spatule, dont la forme est à peu près celle d'un aviron, est préférable à une dame ordinaire qui ferait remonter le mortier.

Les ouvriers attachés à l'atelier de fabrication du béton se répartissent ainsi qu'il suit :

A charger et rouler le mortier.	8
Charger et rouler la pierraille.	12
Mélanger.	9
Peller.	6
Damer.	3
Porter l'eau à la pierraille.	2
Total.	40

On conçoit d'ailleurs que ce nombre doit varier suivant la distance du mortier aux caisses et de celles-ci à la pierraille. Cet atelier se divise en trois sections dont chacune remplit une caisse, le mélange se faisant en face de chacune d'elles et au pied de son plus grand panneau.

Le nombre total des ouvriers employés, tant à la confection du mortier qu'à celle du béton, est donc en général de 68 ; il peut être moindre et descendre jusqu'à 6o.

CHAPITRE VI.

Blocs qu'on lance de terre pour les immerger.

PLANCHE IV,
fig. 1 et 2.

Lorsque les localités permettent de disposer d'un certain espace attenant à la jetée même que l'on construit, il faut en profiter pour y former un chantier de blocs que l'on immerge en les lançant de terre. Tel est le cas que nous allons traiter dans ce chapitre.

Chemins de fer.

Le chantier est sillonné de rails en fer forgé, sur lesquels on fait mouvoir les blocs. Ces rails, dont la section transversale est un carré de $0^m,05$ de côté, sont assujettis par de forts clous sur des longrines en chêne, de $0^m,15$ d'équarrissage, scellées dans le sol. L'espacement d'un rail à l'autre, sur une même voie, est de $1^m,16$. Les blocs, ayant 2 mètres de largeur, dépassent les rails de $0^m,40$ de chaque côté : en y ajoutant $0^m,70$ pour l'espace nécesaire à la main-d'œuvre du levage, on a $1^m,50$ de distance entre les voies.

Description de la caisse-moule.

La caisse a dans œuvre $3^m,40$ de longueur sur 2 mètres de largeur et $1^m,50$ de hauteur : elle est formée de quatre panneaux assemblés et maintenus par seize coins en bois de chêne. Les deux

PLANCHE V,
fig. 1, 2, 3, 4,
5 et 6.

grands panneaux se composent chacun : 1° de deux sablières en chêne, de $4^m,60$ de longueur hors d'œuvre sur $0^m,20$ de largeur et $0^m,14$ d'épaisseur ; 2° de deux poteaux d'angle, également en chêne, de

1^m,5o de hauteur sur o^m,25 d'équarrissage; 3° de cinq poteaux de remplissage en poutrelles de sapin, de 1^m,5o de hauteur sur o^m,12 d'équarrissage, et 4° d'un doublage intérieur en planches de sapin. Les deux petits panneaux sont formés : 1° de deux sablières en bois de chêne, de 3^m,20 de longueur sur o^m,20 de largeur et o^m,12 d'épaisseur; de deux poteaux en sapin de 1^m,58 de hauteur sur o^m,12 d'équarrissage; 3° d'un doublage intérieur en planches de sapin. Chacun de ces petits panneaux a deux échancrures dans lesquelles entrent les rails du chemin.

Pour monter une caisse, on prend les deux petits panneaux que deux hommes tiennent debout, pendant que deux autres approchent un grand panneau, le soulèvent un peu, et font entrer les entailles de sa sablière inférieure dans celles qui sont en dessus de la sablière inférieure du petit panneau : deux coins serrés les maintiennent tous trois ensemble. L'opération est la même pour assembler le quatrième panneau. Cela fait, on ajuste entre elles les sablières des deux grands et des deux petits panneaux, qui s'assemblent au moyen de leurs entailles : celles-ci doivent être de six centimètres plus larges que les sablières, afin de donner entrée aux coins qu'on y enfonce, pour serrer les panneaux de la caisse les uns contre les autres. *Montage de la caisse.*

On a reconnu que ce système d'assemblage a cet inconvénient, que les ouvriers, en serrant les coins, forcent souvent et font sauter les bouts des sablières, et qu'il y aurait avantage, sous le rapport de la durée, à adopter des pentures à charnières, comme pour les caisses-sacs que l'on décrira plus tard. Les quatre panneaux ont alors leurs poteaux d'angle coupés d'onglet, et viennent s'appliquer diagonalement l'un contre l'autre, les charnières étant jointes et maintenues par de fortes goupilles qui s'enlèvent à volonté. *PLANCHE V, fig. 7, 8, 9, 10 et 11.*

La caisse étant convenablement disposée sur le chemin de fer, on commence par étendre dans le fond un couche de sable de o^m,o3 d'épaisseur; ensuite on place en travers, pour ménager des rainures dans le bloc, trois petits moules rectangulaires de 2 mètres de longueur sur 1^m,15 de côté, formés chacun de trois planches assemblées, dont deux placées verticalement et la troisième en dessus. On en met deux à $0^m,40$ de distance de chaque bout de la caisse et un au milieu. A chaque extrémité du moule on ajuste, avec deux pointes, un morceau de planche de la largeur de l'ouverture, afin que le poids du béton ne force pas les côtés, ce qui rétrécirait la rainure et empêcherait l'introduction de la chaîne.

Mise à nu des blocs. Dans l'été, les blocs peuvent être dépouillés après quatre à cinq jours de coulage et immergés au bout d'un mois; mais pendant l'hiver, il faut les laisser dans leur moule pendant dix jours et ne les mettre à la mer qu'après deux mois de coulage.

Opération du levage.
PLANCHE VI, fig. 3, 4 et 5. Pour lever les blocs, on se sert d'une machine composée de quatre montants, posés sur deux sablières portant chacune deux roulettes en fonte : à chaque bout des sablières est placé un gros anneau, scellé par une forte bride et servant à amarrer la corde du cabestan avec lequel on fait mouvoir la machine : les montants sont reliés dans le haut par quatre traverses, sur chacune desquelles est adaptée une vis en fer à filets carrés, de $1^m,50$ de longueur sur $0^m,07$ de diamètre, et avec un pas de $0^m,01$. Deux guides en fer la maintiennent, pour qu'elle puisse monter et descendre verticalement : son écrou, encastré au centre d'une roue à bras d'un mètre de rayon, est stationnaire et ne fait que se mouvoir sur lui-même, tandis que la vis peut monter ou descendre, mais sans tourner; condition nécessaire pour que les chaînes ne se tordent pas.

Après avoir défoncé les moules, on passe les chaînes dans les rainures au moyen de cordes que l'on y introduit avec une tringle en bois. Aux deux extrémités du bloc, elles viennent se réunir en dessus au moyen d'un maillon, et se rattacher à un bout de chaîne tenant à la tête de la vis correspondante; la chaîne du milieu se lie à celles des deux autres vis, de sorte que le bloc se trouve saisi par les deux extrémités et par le milieu. On place quatre hommes à chaque roue, et ils tournent de dix minutes à un quart d'heure pour élever le bloc à une hauteur de $0^m,50$ à $0^m,60$.

PLANCHE VI, fig. 1 et 2. On emploie aussi et plus simplement quatre vis isolées ou verrins, que l'on place de chaque côté et en face des rainures; chaque verrin est composé de deux montants en chêne, de $2^m,5o$ de hauteur sur $o^m,3o$ de largeur et $o^m,15$ d'épaisseur : la partie inférieure de chaque montant entre par un double tenon dans un sabot en chêne de $o^m,8o$ de longueur sur $o^m,3o$ de largeur, et $o^m,2o$ d'épaisseur, qui les maintient à $o^m,17$ d'écartement l'un de l'autre. Deux traverses assemblées à queue d'aronde dans les montants les relient par leur milieu : la partie supérieure entre également par un double tenon dans un chapeau de $o^m,8o$ de longueur sur $o^m,3o$ de largeur et $o^m,15$ d'épaisseur, qui peut s'enlever à volonté quand il est nécessaire de faire entrer ou sortir la vis; les deux montants laissent entre eux, pour la recevoir, une coulisse carrée de $o^m,o3$ de côté et doublée en fer; la tête de la vis est traversée par un boulon à clavette tenant un maillon disposé pour recevoir une chaîne, et elle porte de chaque côté un guide entrant dans une rainure du montant qui lui fait face, afin d'empêcher la vis de tourner lorsqu'elle monte ou descend. L'écrou présente extérieurement la forme hexagonale et se termine à sa partie inférieure par une embase, qui repose sur le chapeau : il est ajusté dans une roue à bras, dont le moyeu est garni de deux cercles en fer découpés à l'intérieur suivant le même gabarit que l'écrou, de manière que la roue puisse s'enlever quand on change le cric de place.

Après avoir fait passer une chaîne de 3 mètres dans chacune des deux rainures, on place une vis verticalement et en face de chacune d'elles, des deux côtés du bloc. On accroche chaque bout de chaîne au maillon suspendu à la tête de la vis correspondante, et après avoir placé les roues sur les écrous, on élève un échafaudage dans l'emplacement vide avec deux tréteaux sur lesquels on met des madriers; alors huit hommes montent sur le bloc qu'on soulève et se répartissent à droite et à gauche, tandis que quatre montent sur l'échafaudage, et quatre autres sur le bloc voisin.

Cela fait, on place en dessous un chariot carré de $1^m,65$ de côté, composé d'un cadre en chêne de $o^m,3o$ de largeur sur $o^m,25$ d'épaisseur, au milieu duquel est une croix pour en maintenir l'écartement :

Pose sur le chariot.

PLANCHE VII,
fig. 1, 2, 3, 4,
5 et 6. deux essieux en fer carré de o'",o8 sont encastrés à moitié dans le bois et serrés par des brides; à chacune de leurs extrémités est une roue en fonte, également encastrée par moitié dans l'épaisseur du cadre; cette roue, dont le diamètre est de o'",25 et l'épaisseur de o'",10, a un rebord de o'",o3 de saillie. Deux fortes bandes de fer plat, en forme d'équerres, s'élèvent à o'",o2 au-dessus du chariot, de manière à former coulisse. On pose contre la bande de fer, de chaque côté, une planche suivée de o'",o3 d'épaisseur qui dépasse ainsi de o'",o1 le rebord contre lequel elle s'appuie, ce qui est nécessaire pour que le bloc qui est plus large puisse venir se placer dessus.

Il peut être nécessaire de changer sur le chariot même la direction des blocs, de manière à les faire tomber en travers, s'ils se trouvaient PLANCHE VIII,
fig. 1, 2, 3, 4,
5, 6, 7, 8,
9 et 10. placés dans le sens de leur longueur et *vice versâ*. Pour cela on emploie un chariot formé de deux parties, dont l'une, celle de dessus, est mobile autour d'un pivot en fer forgé encastré dans la partie inférieure, ces deux parties glissant l'une sur l'autre à frottement gras.

Le chariot une fois en place, on descend le bloc en détournant les écrous. On n'a plus qu'à décrocher les chaînes de la machine et à faire sortir de leurs rainures celles qui entourent le bloc pour qu'il se trouve prêt à marcher. Pour toutes les manœuvres que l'on vient de décrire, savoir : lever le bloc, amener le chariot par-dessous, suiver et poser les planches, descendre le bloc, décrocher les chaînes et les retirer, faire avancer la machine sur un parcours de 4'",4o pour la placer devant un autre bloc, il faut en tout seize hommes travaillant pendant une heure.

On se sert pour faire mouvoir les blocs d'un cabestan dont on peut quadrupler la force en le faisant tirer sur un palan.

Passage du
bloc du
chantier sur la
voie par
laquelle il
vient
s'immerger. Pour faire passer un bloc de l'une quelconque des voies du chemin de fer du chantier sur celle qui se continue le long de la jetée en construction et par laquelle ils doivent tous arriver pour s'immerger, on établit perpendiculairement à la direction des rails, et à o'",4o en contre-bas du sol, une nouvelle voie sur laquelle se meut un chariot portant sur son travers deux rails dont l'écartement est le même que

celui des rails du chantier et qui viennent faire suite à la voie à laquelle on les présente. Le chariot supérieur portant le bloc arrive
sur le chariot à rails, qui le conduit par son travers jusqu'à la rencontre de la voie longeant la jetée et dans la direction de laquelle
ces rails viennent se placer exactement au moyen d'un arrêt posé en
travers du chemin inférieur. L'arasement supérieur de la jetée, à 2
mètres au-dessus de l'eau, est formé, ainsi qu'on l'a dit dans la première partie, de libages et moellons jetés dans les interstices que les
blocs laissent entre eux et recouverts d'une couche de pierraille. C'est
sur cette aire qu'est établi le chemin de fer pour le transport des
blocs. Pendant une ou deux années, jusqu'à ce que la stabilité du
massif ait été bien éprouvée par de gros temps, au lieu d'un chemin
à rails fixes, on emploie des cadres mobiles, composés de deux longrines en bois de chêne de 0^m,20 de largeur sur 0^m,10 d'épaisseur :
les extrémités de chaque longrine sont armées d'une frette en fer,
afin que le bloc ne les écrase pas; au milieu de chacune d'elles est
placé un rail en fer forgé, fixé au bois par de forts clous et rivé à ses
bouts sur une plaque en fer de 0^m,02 de longueur sur 0^m,10 de largeur et 0^m,01 d'épaisseur; cette plaque sert à empêcher l'incrustation
du rail dans la longrine lorsque le chariot passe dessus.

Lorsqu'un chemin a une légère pente, on peut, pour éviter tout
accident, entourer le bloc d'un fort câble retenu par un autre câble
avec lequel on prend un tour sur quelque objet rond et fixe.

Les blocs étant arrivés au bout de la jetée, il faut, pour lui donner
la largeur convenable, pouvoir les immerger à droite ou à gauche
de la voie; pour cela, on place à l'extrémité de cette voie une por-
tion de chemin qui tourne autour d'un pivot en fonte, de 0^m,25 de
diamètre sur 0^m,26 de hauteur, fixé au centre d'un grand plateau
circulaire de 3 mètres de diamètre sur 0^m,10 d'épaisseur, et ferré dans
le dessus avec un cercle en fer plat : l'épaisseur du chemin tournant
n'étant que de 0^m,10, aussi bien que celle du plateau sur lequel il se
meut, ce chemin vient ainsi affleurer le niveau des chemins ordinaires,
qui est de 0^m,20 au-dessus du sol.

PLANCHE IV,
fig. 1 et 2.

PLANCHE VII,
fig. 7, 8, 9,
10, 11 et 12.

Retenue des
blocs.

PLANCHE VII,
fig. 13, 14, 15,
16, 17, 18, 19,
20, 21 et 22.

Le chariot étant placé sur le cadre tournant, on cale les roues devant et derrière avec deux barres de fer arrêtées par deux mentonnets ; ensuite on frappe de chaque côté du cadre tournant, et en sens
inverse, un palan sur lequel on tire, de manière à amener les rails du
cadre dans la direction du chemin de fer que l'on a présenté à la
suite du plateau, et qui dirige le chariot, soit en avant, soit à droite
ou à gauche. Lorsque celui-ci arrive sur le bout de ce chemin, qui
est légèrement incliné, on laisse échapper les deux roues de devant ;
le chariot se trouvant ainsi à bascule sur l'extrémité du chemin où il
est retenu par une amarre, les planches suivées glissent dessus et en-
traînent avec elles le bloc qui s'immerge.

Préparation   Il faut moyennement vingt hommes travaillant pendant une heure
d'une aire sur
la jetée, pour pour transporter un bloc et pour l'immerger ; et comme il en faut seize
l'établissement aussi pendant une heure pour l'opération du levage, il en résulte
du chemin de   que trente-six hommes peuvent immerger un bloc par heure de
fer.
travail.

Lorsque les blocs de béton immergés commencent à arriver au-dessus
de l'eau, on a soin de les entremêler de blocs d'un moindre volume
dans la partie sur laquelle le chemin de fer doit être posé, afin de
pouvoir plus facilement rester en dessous de son niveau ; et lorsqu'il
arrive que quelques-uns viennent à le dépasser, on enlève au pic la
partie saillante. Pour établir la continuation du chemin sur ces blocs,
on remplit avec de gros libages les vides qu'ils laissent entre eux ; ensuite on arrase ceux-ci par un lit de moellons et de pierrailles dans le
PLANCHE VIII. dessus, et sur l'aire ainsi formée on pose des cadres de chemin de
fig. 14, 15, 16 fer mobile, dans la direction de la voie déjà établie (1), que l'on pro-
et 17.
longe successivement sur la jetée à mesure qu'elle avance. Afin de
garantir ce chemin provisoire contre les vagues pendant la mauvaise
saison, et aussi pour permettre aux travailleurs d'y circuler librement
par des temps pendant lesquels, sans cette défense, la lame les couvri-

(1) Au lieu d'une seule voie, on pourrait en avoir deux, l'une pour l'allée et l'autre pour
le retour, dans le cas où l'on jugerait nécessaire d'accélérer le travail.

rait, on y établit, du côté du large, une ligne de blocs de béton placés l'un à côté de l'autre, comme ceux du chantier, et formant parapet. On peut, pendant la belle saison, enlever ces blocs pour les immerger à la mer, et aux approches de l'hiver en mettre d'autres à la même place.

Pour terminer ce qui est relatif aux blocs que l'on immerge en les lançant de terre, il reste à parler de ceux que l'on prépare sur berge et qu'on descend à la mer, suivant le procédé qui a été employé à la reconstruction du môle d'Alger, et dont on peut faire une utile application pour garnir le pied d'un ouvrage et le défendre contre les affouillements. Ces blocs peuvent avoir depuis 20 jusqu'à 60 mètres cubes : seulement, lorsque le volume en est aussi considérable, il faut les laisser durcir un peu plus longtemps.

La caisse dans laquelle on les coule est établie et remplie de la même manière que les caisses-moules ordinaires. On la monte sur une plate-forme inclinée au sixième, et composée d'un cadre en poutrelles de sapin sur lequel est cloué un tablier que l'on suiffe à chaque opération. Sur ce tablier suiffé l'on place, pour former le fond de la caisse, des planches de sapin les unes à côté des autres, en les serrant entre elles, mais sans aucun assemblage, de manière à les laisser entièrement libres : du côté du large, la caisse est étayée de deux épontilles. On dépouille le bloc, après qu'il a séché pendant le laps de temps ordinaire; mais on laisse la planche sur laquelle s'appuient les deux épontilles et qui parconséquent ne doit pas être clouée aux montants de la caisse. Cette planche a 0",01 d'epaisseur de plus que les autres, de manière qu'elle s'incruste dans le béton et qu'elle ne puisse pas remonter comme elle y est sollicitée par la pression des épontilles; on heurte celles-ci quand on veut lancer le bloc à l'eau; il part avec les planches sur lesquelles il pose et qu'on retire ensuite pour les faire servir de nouveau.

Préparation des blocs sur berge.

PLANCHE VIII
fig. 19, 20, 21 et 22.

CHAPITRE VII.

Immersion par eau.

Il n'est pas toujours possible de trouver un emplacement attenant à la jetée elle-même et propre à l'établissement d'un grand chantier, d'où les blocs puissent être transportés par terre jusqu'à l'extrémité des ouvrages déjà faits, pour de là venir s'immerger. Mais lors même que les localités se prêtent à cette disposition, il n'en est pas moins avantageux pour accélérer les travaux, de pouvoir, à proximité du premier chantier, en former un second sur lequel on prépare des blocs destinés à être mis à flot et immergés par eau. Il y a d'ailleurs des cas dans lesquels ce dernier mode est le seul praticable; lorsque par exemple les môles à construire sont isolés du continent, comme ceux de Civita-Vecchia, de Cherbourg ou de Plymouth.

Les blocs qui doivent être transportés par eau se fabriquent comme ceux qu'on lance de terre, avec la seule différence qu'ils n'ont que deux rainures en dessous, une à chaque extrémité, celle du milieu étant supprimée. Ils sont coulés sur des chemins de fer fixes, établis sur un chantier qui longe la mer en suivant une pente de 0^m,02 par mètre. Ces chemins viennent aboutir à une autre voie, placée perpendiculairement à leur direction et à 0^m,40 en contre-bas de leur niveau;

PLANCHE IX, fig. 1 et 2.

cette voie qui règne sur toute la longueur du chantier, à 3 mètres en arrière de son couronnement, sert à amener les blocs en travers jusqu'à une cale sur laquelle on les saisit, au moyen de flotteurs qui les conduisent au point où ils doivent s'immerger.

On soulève le bloc par les procédés qui ont été exposés dans le chapitre précédent, soit avec une machine à vis, soit avec des vis isolées ou verrins ; mais si l'on emploie des verrins, il y a une légère modification à leur faire subir. Comme le chariot, ainsi qu'on va le voir, porte un collier à chacune de ses quatre extrémités, il est nécessaire pour qu'il puisse passer, que les vis soient placées à o^m,3o de distance du bloc ; mais d'un autre côté, il est indispensable pour leur stabilité qu'elles ne soient pas séparées du bloc et qu'elles s'appuient immédiatement contre une de ses faces. Afin de remplir cette double condition, on cloue sur la face intérieure du montant de la vis une chantignole de 1^m,4o de hauteur sur o^m,3o de largeur, de manière à laisser au-dessus du sol un vide de o^m,8o, que l'on remplit momentanément par deux autres chantignoles mobiles contre lesquelles le bloc s'appuie dans le bas, pendant l'opération du levage. Lorsqu'il est soulevé à la hauteur voulue, il dépasse les chantignoles mobiles que l'on enlève aussitôt, de manière à permettre au chariot de passer par-dessous.

Ce chariot, qui doit être suspendu au flotteur, diffère de celui que l'on emploie pour l'immersion par terre. Il est composé de deux pièces longitudinales dans lesquelles les roues sont encastrées à moitié et qui sont reliées dans leur milieu par une traverse : deux autres traverses, en forme d'essieux, relient les extrémités et dépassent le corps du chariot de o^m,45 ; chaque bout d'essieu est armé d'un collier en fer auquel est adaptée une chaîne. Deux planches suiffées sont posées en dessus et maintenues par deux bandes en fer formant coulisse. Lorsque le bloc est assis sur le chariot, on enlève les vis et on maillonne les chaînes que l'on réunit momentanément en dessus du bloc, au moyen d'une ligature (1).

Levage des blocs au moyen d'une machine à vis, ou de quatre verrins.

PLANCHE X.
fig. 1, 2, 3, 4, 5, 6 et 7.

Pose sur le chariot.

PLANCHE XII.
fig. 4, 5 et 6.

(1) Ce n'est pas tout à fait de cette manière qu'on opère à Alger : le bloc ne pose pas immédiatement sur le chariot, mais sur un traîneau ; c'est ce traîneau, et non le chariot, qui

Système de
retenue pour
modérer la
marche du
bloc.
—
PLANCHE XI.
fig. 1, 2, 3 et 4.

Le chantier ayant une légère inclinaison, il est nécessaire de modérer la marche du bloc. Pour cela on l'entoure d'une ceinture à laquelle sont attachés deux câbles de retenue; on n'en fait agir qu'un seul tant que le bloc est sur le chantier; mais aussitôt qu'il arrive sur la cale, on les roidit tous les deux. Une forte pièce de bois cylindrique, de 0^m,40 de diamètre, est fixée à deux canons scellés dans le sol, vis-à-vis de la cale et à l'autre extrémité du chantier. Derrière cette pièce est placé un treuil à engrenage, dont le cylindre présente deux gorges; chaque câble fait trois tours sur la pièce fixe, trois autres tours sur le treuil, et passe ensuite dans un organeau de retenue scellé sur le chantier; un seul homme suffit pour roidir le câble à mesure qu'il se développe. Le treuil, mû par deux manivelles placées au deux extrémités de l'arbre du pignon, fait l'effet d'un double cabestan et permet aux deux câbles d'agir ensemble d'une manière uniforme.

En tirant sur deux palans attachés à une boucle de chaque côté du chariot, on fait marcher le bloc jusqu'à la cale. Celle-ci est formée de deux longrines en chêne de 0^m,30 de largeur sur 0^m,60 d'épaisseur, maintenues par des traverses à 1 mètre d'écartement l'une de l'autre. Chaque longrine est composée de deux pièces de 0^m,30 d'équarrissage, reliées l'une sur l'autre par des étriers et par un arc en fer plat encastré sur champ et resserré par des boulons; elle porte un rail en fer faisant suite au rail correspondant de la voie établie sur le chantier. Cette cale est flottante, mais retenue et encastrée dans la maçonnerie du couronnement; elle se prolonge dans l'eau, jusqu'à la distance nécessaire pour avoir un fond convenable au tirant d'eau de la machine. Le bloc en passant dessus, la fait poser sur des blocs en béton immergés, à 4 mètres l'un de l'autre, et disposés de manière à lui servir de chevalets. Elle est amarrée solidement à deux forts organeaux scellés dans le sol. Le chantier reste libre dans l'em-

emporte le bloc sur la cale. Pour cela le traîneau entre à coulisse dans un plateau à colliers qui glisse le long de la cale; le plateau se suspend aux flotteurs par ses colliers et transporte ainsi le bloc au lieu de l'immersion. Ce procédé réussit généralement bien; cependant celui que nous venons de décrire sera évidemment moins long et moins chanceux.

placement situé vis-à-vis de la cale pour les manœuvres à opérer, et c'est là qu'on la place lorsque les mauvais temps forcent à la tirer hors de l'eau.

Le bloc, une fois arrivé à l'extrémité de la voie sur laquelle il a été coulé, vient se placer sur le chariot à rails qui le conduit en travers jusqu'à la cale; on enlève la barre qui arrête le chariot sur lequel est le bloc, et comme la voie du chariot à rails correspond à celle de la cale, le bloc marche et descend sur cette dernière jusqu'à ce que les jougs de la machine puissent passer au-dessus de lui. Si l'on s'aperçoit que les retenues fatiguent trop, on modère la descente du bloc, en enrayant une ou deux roues du chariot, au moyen d'une cheville de 0^m,03 qui traverse une ouverture pratiquée dans l'épaisseur de la roue.

Descente du chariot sur la cale.

La machine destinée à prendre les blocs sur la cale et à les transporter est composée de deux tonnes cylindriques, de 6^m,25 de longueur sur 2^m,40 de diamètre, en madriers de sapin du Nord, et revêtues de douze cercles en fer, de 0^m,06 de largeur sur 0^m,01 d'épaisseur, resserrés au collet par des vis; ces tonnes sont consolidées intérieurement par six cintres en madriers, leur servant de membrures : deux jougs en bois de chêne, de 7 mètres de longueur sur 0^m,38 de largeur et 0^m,32 d'épaisseur, reliés par des entre-toises et espacés entre eux de 2^m,80, les maintiennent à la même distance. A chacun de ces jougs, sur le côté des tonnes et au milieu des entre-toises, est un poteau assemblé dans une sablière inférieure; deux chaînes sont amarrées à côté des poteaux, Au milieu du joug de derrière est une vis en fer placée horizontalement, ayant la tête du côté intérieur de la machine et l'écrou à l'extérieur; à la tête de cette vis viennent se réunir en formant l'Y, deux chaînes passant chacune dans une entaille arrondie, pratiquée sur les côtés du joug de devant et garnie en forte tôle; ces deux entailles sont relevées par une pièce de bois de 0^m,15, placée entre elles et qui maintient le chaînes.

Flotteur à tonnes. — PLANCHE XI. fig. 5 et 6.

Comme le bloc a l'inclinaison que lui donne la cale, tandis que le flotteur est horizontal, les deux chaînes qui tiennent au joug et qui

Mise à flot. — PLANCHE XII. fig. 1, 2 et 3.

doivent se relier à celles du devant du chariot, sont nécessairement plus longues que celles de derrière, de toute la différence de cette inclinaison au niveau de la mer; ce qui permet de les joindre plus ou moins haut par des maillons à clavette. Afin d'empêcher le bloc d'échapper, lorsqu'on lui enlève sa ceinture et sa retenue, on fait joindre, à l'aide d'un déclic, deux chaînes attachées aux deux poteaux de devant, et qui en se réunissant forment une barrière contre laquelle le bloc est appuyé.

Le bloc étant saisi, on lâche les amarres qui retiennent la machine en ayant soin, toutefois, de conserver la retenue que l'on mollit à mesure qu'on se hale en mer de dessus le flotteur : afin d'aider encore ce mouvement du côté de terre, on tire sur un palan attaché au bout et latéralement sur une des deux longrines de la cale, et le bloc, lorsqu'il arrive à son extrémité, plonge et se trouve à flot. On le dépouille alors de sa ceinture et on le transporte ainsi dans une position inclinée.

Immersion.   Lorsqu'il arrive au lieu où l'on doit l'immerger, on tire au moyen d'un petit palan la corde qui tient le déclic; celui-ci lâche les chaînes sur lesquelles le bloc est appuyé; alors ce dernier n'étant plus soutenu glisse de dessus le chariot et tombe à l'eau. Cela fait, au moyen d'un treuil, on élève au-dessus de l'eau le chariot et on le place sur un petit radeau qui le ramène sur le chantier; le flotteur à son retour retrouve un autre bloc placé sur la cale et tout prêt à être mis à flot.

Seize hommes travaillent pendant une heure pour soulever un bloc; le même nombre travaille pendant le même temps pour le faire marcher et le mettre à flot, et le même laps de temps est nécessaire à dix hommes pour le transporter et revenir à la cale, d'où il résulte que quarante-deux hommes peuvent mettre par heure un bloc à la mer.

PLANCHE XII, fig. 7 et 8.   * (1) Il peut se présenter des cas dans lesquels il serait très-utile de

(1) On a marqué d'un astérisque tous les passages qui traitent de procédés non éprouvés par l'expérience; on ne les présente donc pas avec une confiance aussi entière que tous ceux qui ont été précédemment décrits, bien qu'on ait tout lieu de croire qu'il y aurait peu de modifications à leur faire subir dans l'application pour que la réussite en fût assurée.

disposer les blocs par assises régulières les uns sur les autres : par exemple, si l'on voulait établir le parement d'un musoir suivant un plan vertical, ou fonder à la mer quelque ouvrage isolé, comme un phare. On opérerait alors de la manière suivante, en ayant soin de choisir toujours un de ces temps de calme plat qui se reproduisent souvent dans le cours d'une année.

Le flotteur est composé de deux pontons réunis par quatre jougs en sapin assemblés deux à deux en forme de moises, entre lesquelles passent quatre poteaux qui descendent jusqu'au niveau inférieur des pontons et s'élèvent à 2 mètres au-dessus des jougs, où ils sont reliés deux à deux par une pièce de bois formant chapeau : toute cette charpente est maintenue par des entre-toises, des liens et des traverses. Deux vis, de 2 mètres de longueur sur $0^m,08$ de diamètre et $0^m,01$ de pas, sont placés au-dessus de chaque joug et au milieu des chapeaux ; l'écrou est encastré au centre d'une roue à bras au moyen de laquelle on fait monter ou descendre la vis. A la tête de chaque vis est adapté un guide placé entre deux liens formant coulisse et soutenant le chapeau : ce guide parcourt la coulisse, empêche la vis de tourner et la maintient dans la position verticale : un grand maillon à clavette adapté à la tête de chaque vis sert à saisir la chaîne qui tient au bloc.

Les rainures ménagées dans le bloc pour le passage des chaînes, au lieu d'être en dessus, sont placées dans l'intérieur à $0^m,40$ au-dessus de la base inférieure. Lorsque le bloc se trouve sur le chariot, on introduit les chaînes dans les rainures et on les relève en dessus en les accrochant par une extrémité au maillon du déclic, dont la branche mobile retient l'autre bout. Le bloc une fois placé sur la cale et entre les deux pontons du flotteur, on saisit le déclic avec les chaînes suspendues aux têtes de vis. On roidit les chaines et on continue à faire marcher le bloc de manière à le mettre à flot : on l'amène en dessus de l'assise sur laquelle il doit être posé ; on descend les vis de toute leur longueur ; on arrête chacune des chaînes, en posant une cheville en travers de la maille, qui se trouve au niveau supérieur des jougs, et on donne deux tours à l'écrou pour faire peser tout le poids du bloc sur les chevilles et permettre de détacher la chaîne du maillon adapté à la tête de la vis. On remonte celle-ci de toute sa longueur, ensuite au moyen d'une petite corde passée dans une poulie on relève la chaine, on l'accroche de nouveau au maillon de la vis que l'on fait remonter un peu pour pouvoir dégager la cheville; on continue à descendre le bloc et on file successivement de la chaîne jusqu'à ce qu'il soit en place. Alors on lâche en même temps les deux déclics, on fait avancer la machine et les chaînes se dégagent d'elles-mêmes des rainures dans lesquelles elles passaient.

On établirait de cette manière la première assise du fond, jusqu'à 4 mètres au-dessous de l'eau, et le reste de l'ouvrage s'achèverait au moyen de béton immergé dans des caisses-sacs que l'on échouerait sur la base ainsi formée.

CHAPITRE VIII.

———

Exposé des procédés à employer pour le transport et pour l'immersion des blocs dans quelques cas particuliers, et notamment dans les ports de l'Océan.

Le système de transport et d'immersion des blocs par eau, tel que nous venons de le décrire, sera généralement applicable dans toutes les localités. Cependant il pourrait se présenter quelques cas particuliers dans lesquels il offrirait des difficultés ; nous allons en examiner quelques-uns et indiquer les procédés auxquels on pourrait alors recourir.

Si le chantier des blocs était élevé de 3 à 4 mètres au-dessus de l'eau, qu'il n'y eût pas au bord plus d'un mètre de fond, et que la distance à parcourir entre le chantier et le lieu de l'immersion fût considérable et de 2,000 mètres environ, on pourrait alors, au lieu du système de flotteurs qui ne transporte les blocs qu'un à un, employer, comme on le fait pour les enrochements naturels qui entrent dans des digues à pierres perdues, un grand ponton sur lequel on en chargerait plusieurs à la fois. Nous allons donner la description d'un ponton avec les accessoires nécessaires pour l'approprier à cette destination.

Ce ponton a 20 mètres de longueur sur 2^m,50 de hauteur, et une

Planche XIII, fig. 1 et 2.

7

largeur moyenne de 6^m,5o ; il porte huit blocs posés en travers. Sur toute la longueur du ponton et dans son milieu, est établie une voie en bandes de fer plat, posées sur des longrines en chêne et inclinées suivant une pente de o^m,oo1 par mètre, pour faciliter le glissement des traîneaux sur lesquels les blocs reposent.

Ces traîneaux portent en dessous deux rebords, qui entrent à coulisses dans deux autres rebords saillants sur le chariot qui porte le bloc. Maintenus par les coulisses ils passent du chariot sur une partie de voie mobile, portant d'un bout à terre et de l'autre sur le ponton. Les longrines de la voie du ponton, comme celles de la voie mobile, sont réunies de mètre en mètre par des traverses. La voie mobile, évasée à son extrémité, se termine par une plate-forme demi-circulaire et légèrement bombée en dessous ; il en est de même de la voie du ponton à son origine ; elle présente en profil un demi-cercle concave, au centre duquel est un piton qui entre dans une ouverture pratiquée au centre du demi-cercle concave de la voie mobile : de cette manière celle-ci obéit à tous les mouvements que le ponton peut prendre, soit par l'agitation de la mer, soit pendant le chargement des blocs. La voie du ponton se termine par un plan incliné, ayant la longueur d'un traîneau et une pente suffisante pour que le bloc, une fois que le traîneau se trouve sur ce plan, descende de lui-même et s'immerge. A l'extrémité et en travers de la voie, on pose à la naissance de ce plan incliné une pièce de bois qui peut s'enlever à volonté et contre laquelle le premier traîneau vient buter. Les blocs s'appuient les uns contre les autres de manière à se soutenir mutuellement ; et pour plus de sécurité on peut encore, au moyen d'une ceinture, amarrer chacun d'eux à des organeaux placés de chaque côté. On est ainsi assuré contre les mouvements du ponton durant le trajet, et pendant qu'on immerge les blocs. On met ceux-ci en mouvement par une corde de traction, qui s'enroule sur un cabestan horizontal et à engrenage, placé dans l'intérieur du ponton. Les blocs immergés, comme on vient de le dire, tombent par leur travers ; mais si on voulait les faire descendre dans le sens de leur longueur, il suffirait que le chariot qui les porte fût à plateau tournant, comme on l'a vu pour ceux qu'on lance de terre.

Si au lieu d'être établi, comme jusqu'ici nous l'avons supposé, sur une aire solide et résistante, le chantier de fabrication des blocs était situé sur une plage de sable, les procédés que nous avons précédemment exposés pour leur mise à flot, ne sauraient plus être les mêmes. On ne pourrait plus opérer de la même manière en soulevant les blocs pour les placer sur un chariot et les amener sur une cale, parce que la machine à vis ou les verrins s'enfonceraient dans le sable. Nous allons décrire un système d'immersion applicable à ce cas, et dans lequel il n'y a plus lieu de soulever les blocs; il permet en outre d'en disposer à l'avance un grand nombre, de manière à pouvoir profiter du premier temps de calme qui se présente pour les lancer tous ensemble à la mer.

On dispose sur la plage, parallèlement l'une à l'autre et à 2 mètres de distance, pour la facilité des manœuvres, une suite de cales fixes. Chaque cale est formée de deux longrines en sapin, réunies deux à deux et inclinées suivant une pente d'un douzième au moins; une avant-cale flottante et mobile vient s'adapter exactement à chacune des cales fixes. Sur les longrines on place des fonds dont les traverses, en dessous, forment coulisses; sur ces fonds on monte la caisse et on y coule le bloc comme à l'ordinaire, en y ménageant toujours deux rainures.

Le bloc étant sec et suffisamment dur, on place au-dessus une tonne. Pour la faire monter sur le bloc on dispose un plan incliné, formé de deux poutrelles posant à terre par une de leurs extrémités, tandis que l'autre s'appuie sur la partie supérieure du bloc, où elle est fixée, par des chevilles en fer, à deux échantignoles qui maintiennent les poutrelles à leur écartement. Deux cordes amarrées sur l'autre côté du bloc vont envelopper la tonne; elles viennent se rouler sur un treuil solidement fixé sur le bloc voisin, et qui, comme un cabestan, les dévide à mesure que la tonne monte. Un homme tient le retour des cordes, tandis que deux autres tournent le treuil,

PLANCHE XIII,
fig. 3 , 4 et 5.
Montage d'une
tonne sur le
bloc.

jusqu'à ce que la tonne se place sur les échantignoles. Au milieu et au-dessus de la tonne est fixé un petit collet dans lequel entre un bout de chaîne, descendant jusqu'à la moitié de la circonférence. On passe deux chaînes dans les rainures du bloc ; on les maillonne d'un côté à l'un des bouts de celle de la tonne, et de l'autre on fait accrocher les deux autres bouts au déclic tenant à l'autre extrémité de la chaîne qui embrasse la tonne. Comme il peut y avoir quelque différence dans la grosseur des blocs, on fait roidir les chaînes au moyen de quatre coins placés entre les échantignoles et le bloc.

Mise à flot.   Tout étant ainsi disposé, il ne reste plus qu'à lancer le bloc sur son fond, que l'on fait partir en enlevant l'arrêt qui le retient ; et s'il ne descendait pas à l'instant même on le mettrait en mouvement au moyen d'un cabestan. Ce fond passe alors de la cale fixe sur la cale flottante qui doit se prolonger assez avant pour avoir à peu près une hauteur d'eau de 4 mètres, nécessaire pour faire flotter tout le système.

Cet appareil pourrait également être employé sur un bord escarpé, et élevé de 2 à 3 mètres au-dessus du niveau de la mer ; seulement on apporterait quelques modifications dans la manière de faire monter la tonne sur le bloc, et de lancer celui-ci à la mer. Ces modifications seraient déterminées d'après la nature des localités.

Convoi de blocs remorqué par un bateau à vapeur.   Avec un nombre suffisant de tonnes qui seront placées à l'avance sur les blocs, on pourra, chaque fois que le temps le permettra, en lancer autant qu'on voudra à la mer ; au moyen d'un remorqueur de la force de 16 chevaux, on transportera deux blocs à la fois, et l'on répétera successivement la même opération. On détachera chaque tonne de manière à l'amener seule au point où l'on veut faire tomber le bloc qu'elle porte ; on l'immergera en lâchant le déclic ; pour cela il suffira d'un seul homme placé sur un bateau et tenant une corde pour faire agir un levier adapté sur le côté de la tonne.

Modifications à introduire dans ce système pour   Ce système est susceptible de recevoir une application plus simple encore sur l'Océan, où l'on peut profiter de la marée pour mettre les blocs à flot. On monte les caisses sur la plage elle-même, et une fois

remplies, on les couvre avec une toile goudronnée, bien assujettie sur
les sablières de la caisse, au moyen de quatre liteaux en planches cloués
dessus, de manière à éviter le délavage du béton par la marée mon-
tante. Le bloc étant dépouillé de la caisse et ayant acquis une consistance suffisante, on place debout, contre sa face latérale, deux échantignoles chantournées suivant le gabarit de la tonne, et l'on amène
celle-ci en la roulant jusqu'à ce qu'elle vienne s'adapter aux échantignoles. Cette tonne porte en dessus un collier en fer, dans lequel passe
une chaîne simple qui embrasse la demi-circonférence de la tonne, et
se termine à chaque bout par un maillon. Les deux chaînes qui doivent
saisir le bloc passent par-dessous (1), en partant du maillon inférieur,
et viennent, en se logeant dans deux rainures pratiquées sur le côté du
bloc, se réunir en dessus à la partie mobile du déclic adapté à l'autre
maillon. On comprend que les rainures sont nécessaires pour maintenir
l'écartement des chaînes. Pour bien roidir celles-ci, on les serre au moyen
de quatre coins placés entre les échantignoles et le bloc, de manière que
la tonne soit solidement amarrée et qu'elle ne puisse prendre aucun
mouvement. Lorsque la marée vient à soulever tout le système, le
bloc tourne, et les rainures qui étaient sur les côtés se trouvent en
dessous. Pour que le déclic ne puisse pas se lâcher, on l'arrête au
moyen d'une petite clavette à ressort que l'on retire au moment où
on veut décliqueter, opération qui se pratique de la manière que l'on
a précédemment décrite pour le système à employer sur la Méditerranée. Il convient que le bloc ait, pour sa section transversale, un
carré dont le côté soit égal au diamètre de la tonne, afin que, dans
l'eau comme à terre, celle-ci se trouve toujours dans la même situa-
tion par rapport au bloc.

le rendre
applicable à
l'Océan.
—
PLANCHE XIV,
fig. 3, 4 et 5.

(1) On suppose que le chantier est établi sur une plage de sable, et alors on peut faire
passer les chaînes par-dessous le bloc. Si au lieu de sable on avait un sol résistant, il faudrait
pratiquer au-dessous du bloc deux rainures obliques et convergentes, qui se trouveraient
sur le côté une fois que le bloc serait à flot.

CHAPITRE IX.

Blocs fabriqués sur place, au moyen de béton immergé dans des caisses-sacs.

On a donné, dans le chapitre premier, un exposé sommaire du système de fondation en béton immergé dans des caisses-sacs, et l'on a dit, dans le quatrième chapitre, que l'emploi de ce système était aussi simple qu'avantageux pour tous les ouvrages établis sur des fonds qui ne dépassent pas 7 à 8 mètres. On va maintenant entrer dans tous les développements que comporte ce mode de construction.

Description d'une caisse-sac ordinaire. — PLANCHE XV, fig. 1, 2, 3, 4 et 5.

Les caisses peuvent être de différente grandeur, et leur contenance varier depuis 20 jusqu'au-dessus de 200 mètres cubes, suivant que les circonstances l'exigent. Celle que l'on va décrire a 10 mètres de longueur, sur 3 mètres de largeur et 3^m,5o de hauteur. Elle se compose de quatre panneaux, dont deux grands et deux petits, taillés d'onglet, et assemblés par des pentures à charnières arrêtées au moyen de fortes goupilles qui s'enlèvent à volonté. Chaque grand panneau est formé de deux poteaux d'angle de o^m,35 d'équarrissage, coupés diagonalement et assemblés à tenon et à mortaise dans une sablière de o^m,3o de largeur sur o^m,20 d'épaisseur ; dans cette sablière sont assujettis de la même manière huit montants en poutrelles de sapin, également espacés, et reliés entre eux par deux rangs de traverses qui s'assemblent à mi-bois. Ce grillage est revêtu intérieurement de deux doublages en planches de sapin, de o^m,o3 d'épaisseur, croisés l'un sur l'autre. Les petits panneaux sont composés de la même manière que les grands, à l'exception qu'ils n'ont que quatre montants et deux traverses.

La caisse se monte sur deux poutres de sapin qui ont la forme d'anguilles; ces poutres sont placées sur des madriers qui reposent eux-mêmes sur le sol et sont suiffés dans le dessus. Dès que la caisse est montée on y cote les sondages pris sur un gabarit, à l'emplacement même qu'elle doit occuper, et l'on découpe le bas des panneaux suivant les sinuosités du fond; après quoi l'on calfate les joints et on les recouvre de brai intérieurement et extérieurement : la toile qu'on y adapte intérieurement est très-forte et formée de pièces de o^m,75 de largeur, assemblées par une couture double et plate. On la goudronne; et, lorsqu'elle est sèche, on la cloue aux parois de la caisse, jusqu'à o^m,5o au-dessus de la ligne de flottaison, en posant par-dessus une garcette sur laquelle les têtes des clous viennent s'appuyer. On entoure la caisse par une double ceinture en fortes cordes, que l'on fait passer dans des organeaux adaptés à o^m,5o en dessous de la sablière : elle est ainsi prête à être lancée à la mer, opération qui s'exécute en faisant glisser les anguilles sur les madriers. Lorsque la caisse est à l'eau, on la remorque avec un ponton qui la saisit par la ceinture et la soulève un peu; elle se trouve alors suspendue à des bigues fixées sur l'avant du ponton, et on la conduit de cette manière jusqu'à l'emplacement qu'elle doit occuper. Arrivée là elle est maintenue dans son alignement à l'aide de cordages; en mollissant les palans des bigues on la descend peu à peu; aussitôt qu'elle a touché terre on se hâte d'attacher à la ceinture qui l'enveloppe, et sur tout son pourtour, de petites caisses en bois que l'on remplit de boulets, de manière à la lester et à l'asseoir solidement sur le fond.

Ces petites caisses à boulets ont 1 mètre de longueur sur o^m,5o de largeur et o^m,7o de hauteur; elles sont formées de planches brutes

Montage, mise à l'eau et immersion de la caisse.

Mode de lestage.

en sapin, maintenues par des traverses dans le fond et sur chacun des côtés. Sur les traverses du fond sont posées deux doubles cordes, fixées sur les bords, afin qu'elles ne puissent pas se perdre, et reliées entre elles dans le dessus au moyen d'une ligature qui les amarre à la ceinture de la caisse-sac.

Système de charpente appliqué contre les panneaux pour contre-balancer la poussée du béton.

Afin d'empêcher que la poussée du béton contre les panneaux de la caisse ne les fasse écarter, on emploie deux systèmes de charpente semblables aux sergents dont les menuisiers se servent pour maintenir les pièces qu'ils travaillent. Ces sergents sont composés chacun d'une pièce de bois de chêne, de $0^m,40$ d'équarrissage, dépassant la caisse de 2 mètres de chaque côté, avec une forte mortaise dans laquelle entre, en contre-bas de cette pièce et en avant de chaque panneau, un poteau soutenu par une cheville placée à travers le tenon, et arc-bouté par un lien qui est assujetti de la même manière à l'extrémité de la pièce. A l'aide de deux coins placés devant les bouts du poteau, on force le sergent à se serrer contre les panneaux de la caisse, à la ceinture de laquelle on a soin d'ailleurs de l'amarrer, afin de l'assujettir plus solidement, et pour que l'effort qu'il exerce ne puisse pas le faire remonter. On fait communiquer la caisse avec le sol au moyen d'un simple tablier ou d'un pont de service, suivant la distance. Si le sol est peu élevé au-dessus de l'eau, ce qu'il y a de plus simple c'est de faire un chemin en planches clouées en travers sur trois fortes poutres qu'on fait flotter comme un radeau.

Immersion du béton.

Le béton avec lequel on remplit la caisse doit être immergé frais, aussitôt après avoir été confectionné. M. le général Treussart a avancé, sur l'autorité de Bélidor et d'après sa propre expérience, qu'il convenait de le laisser reposer à l'air pendant douze à trente-six heures, suivant la saison, de manière à lui faire prendre, avant de le descendre dans l'eau, une demi-consistance qui le rendrait beaucoup moins exposé au délavage que si on l'employait dans l'état de mollesse où il se trouve lorsqu'il vient d'être fabriqué. M. Vicat a réfuté cette opinion, et il a eu toute raison de proscrire une méthode aussi défectueuse. Des expériences que nous avons faites à ce sujet nous ont

prouvé qu'en procédant ainsi, d'abord le béton acquiert ultérieure-
ment une dureté moindre, et ensuite il se divise et s'émiette, comme
le dit M. Vicat. Pour lui donner du corps et pouvoir le charger facilement à la pelle, il devient nécessaire de le piocher et de le remanier,
manipulation très-nuisible et qui en affaiblit l'énergie.

Pour le remplissage de la caisse on place au-dessus et en travers
une machine qui repose sur deux pièces en bois formant coulisse, de
manière à pouvoir la faire avancer ou reculer à volonté. Cette machine se compose d'un bâti en chêne surmonté d'un treuil, auquel
est suspendue une trémie triangulaire, contenant o$^{m. cub.}$,8o. A l'arbre
de ce treuil est une roue dentée mue par un pignon adapté sur un
autre arbre qui dépasse le bâti, et dont les extrémités portent des
manivelles ; entre chacune d'elles et le pignon voisin est placé un
frein servant à modérer la descente de la trémie, que l'on peut arrêter dès qu'on le veut, au moyen d'un petit rochet qui se trouve
à côté du frein. Lorsque la trémie est montée au niveau de l'échafaudage, on y verse le béton à la brouette, ou on le jette à la pelle,
si la disposition de la caisse permet de faire le mélange à pied-d'œuvre.
La trémie étant pleine, on enlève l'arrêt du rochet et deux hommes
agissant sur les deux freins la retiennent jusqu'à ce qu'elle soit arrivée
au fond ; on continue le mouvement à l'aide des manivelles, et
lorsque les cordes sont déroulées, celles qui sont à l'angle de la
trémie se relèvent et la chavirent du côté qui leur est opposé.

Une trémie à clapets est peut-être préférable à la trémie à bascule,
qui, par le mouvement qu'elle occasionne dans la masse d'eau où
l'on immerge le béton, contribue au délavage de cette matière. Cette
trémie a la même forme et les mêmes dimensions que la trémie à
bascule ; les deux grands côtés s'ouvrent à moitié dans le sens de
leur longueur, au moyen de deux déclics à loquets placés latéralement et que l'on tire en raidissant également les deux cordes qui y
sont attachées ; on donne à celles-ci un tour ou deux sur un crochet
adapté à cet effet au rouleau en bois de la machine. Une fois que
les déclics sont levés, les deux clapets s'ouvrent et le béton descend

Trémie à
bascule.

PLANCHE XVI,
fig. 1, 2 et 3.

Trémie à
clapets,
fig. 4 et 5.

8

doucement en s'affaissant sur lui-même. On remonte la trémie à l'aide du treuil à engrenage. Lorsqu'elle est arrivée à la hauteur de la caisse, on la maintient au moyen de rochets ; on ferme les clapets et l'on recommence l'opération. Cette trémie triangulaire a sur la trémie carrée, telle qu'elle a été décrite par Bélidor, l'avantage de pouvoir être descendue jusqu'au fond, de manière à toucher le béton déjà coulé, tandis que celle qui est carrée doit être soutenue en l'air, à la distance nécessaire pour que les clapets puissent s'ouvrir, et alors le béton tombant d'une certaine hauteur est plus exposé à se diviser. On trouve le même avantage dans la trémie demi-cylindrique s'ouvrant tout entière dans le sens de sa longueur, telle qu'elle a été décrite dans l'ouvrage de M. Sganzin, revu et augmenté par M. Reibell. (Planche III, fig. 2.)

Grande trémie contenant cinq mètres cubes.
PLANCHE XVII, fig. 1, 2 et 3.

Afin d'abréger l'opération du coulage et en même temps de diminuer les chances du délavage, il conviendrait d'immerger à la fois une très-grande masse de béton. L'appareil que l'on va décrire permet de manœuvrer facilement une trémie de la contenance de cinq mètres cubes. Il est composé d'un cadre en chêne de $3^m,50$ de longueur sur $3^m,40$ de largeur dans œuvre ; sur chacun des côtés est un chevalet double, consolidé par deux traverses et par six boulons à écrous ; dans le vide de chaque chevalet est placée une vis sans fin qui fait mouvoir, à l'aide de deux manivelles, une roue dentée tournant au centre du chevalet et adaptée à l'extrémité de l'arbre du cylindre autour duquel s'enveloppent les cordes de la trémie.

Comment on achève de remplir la caisse après l'enlèvement des machines.
PLANCHE VIII, fig. 5.

On se sert de machines à verser le béton jusqu'à ce qu'il ne reste plus une hauteur d'eau suffisante pour les manœuvrer ; et on les enlève pour continuer le remplissage à la pelle, en ayant soin de jeter toujours le nouveau béton sur celui qui est déjà hors de l'eau : un homme placé dessus le pousse avec les pieds de manière à le faire successivement descendre. Si l'échafaud est trop élevé, on jette le béton dans un couloir, par lequel il se rend dans la caisse. Ce couloir, amarré par le haut et libre dans le bas, a $0^m,50$ de largeur sur une profondeur de $0^m,15$; il est évasé par le bout en forme d'entonnoir, arrondi dans les angles et doublé en zinc, pour empêcher le béton de se coller à ses parois.

Il est démontré par l'expérience que le béton est plus délavé à la flottaison et jusqu'à o'",5o en dessous, que dans le fond ; pour parer à cet inconvénient, il faut, quand on arrive à cette hauteur, faire pour le devant de la caisse le béton plus gras, en mettant parties égales de mortier et de pierraille; il importe ensuite que ce béton soit jeté contre le panneau par masses et non par petites portions ; pour cela on laisse amonceler au milieu de la caisse un tas que deux hommes, placés dans l'intérieur, poussent avec leurs pieds; de cette manière le devant de la caisse reste bien plein et bien garni de mortier. Si l'on n'opérait ainsi, les pierres s'y entasseraient presque sans mortier, et, lorsqu'on enlèverait le panneau, le béton serait tout amaigri comme s'il eût été rongé par la mer.

Diverses
précautions à
prendre pour
assurer
l'homogénéité
du béton.

Lorsque le béton approche de la flottaison et que la mer est calme, on fait quelques trous pour faciliter la sortie de la laitance qui remonte au-dessus, et que l'on a soin d'ailleurs d'enlever constamment avec des seaux. Mais si la mer était agitée il faudrait bien se garder de lui ouvrir des issues dans la caisse; et même si l'on craint que la vague ne puisse sauter par-dessus le panneau de devant, il sera nécessaire d'y fixer quelques poteaux sur lesquels on clouera des planches de manière à l'exhausser, et à garantir le béton pendant le coulage. La caisse une fois pleine, si le temps n'est pas parfaitement sûr, est recouverte d'une toile goudronnée, clouée sur les bords et chargée de plusieurs boulets, pour que la vague en la couvrant ne détériore pas le béton.

Au bout de dix à vingt jours, suivant la saison, on peut, par une belle mer, dépouiller le béton. Pour cela on enlève les petites caisses dont on a retiré les boulets; on ôte les chevilles des charnières qui assujettissent le panneau de devant, de sorte qu'il n'est plus retenu que par la toile que l'on détache en faisant pencher le panneau; avec un ciseau semblable à une barre à mine dont le taillant serait très-évasé, on frappe sur la garcette interposée entre la toile et les

Mise à nu du
bloc.

têtes de clous, et comme cette garcette offre beaucoup de résistance, elle amène les clous avec elle plutôt que de se casser. Les clous étant tous arrachés, on coupe la toile dans les angles et le panneau dégagé monte sur l'eau, d'où il est tiré à terre. L'opération est la même pour les autres panneaux. Un plongeur, avec un couteau à gaîne, coupe les pans de toile qui sont recousus et employés de nouveau.

Entre-deux qu'on laisse d'une caisse à l'autre.
On laisse toujours, d'une caisse à l'autre, un intervalle de 2^m,5o à 3 mètres, nécessaire pour la manœuvre des machines à couler avec lesquelles on immerge le béton dans cet entre-deux. Les deux massifs de béton étant dépouillés de la caisse qui les enveloppait, on présente, sur le devant et sur le derrière, deux panneaux qui ferment entièrement cette ouverture, et la dépassent au moins d'un mètre de chaque côté, de manière à bien s'appliquer contre le béton : on les retient en travers avec deux amarres et au moyen d'un ou de deux sergents, établis ainsi que nous l'avons dit précédemment. On met ensuite dans l'intérieur un fond de toile qu'on cloue, devant et derrière contre les deux panneaux, et sur les côtés contre le béton. L'espace ainsi fermé se remplit de la même manière qu'une caisse ordinaire.

On pourrait penser qu'il serait plus simple, au lieu d'isoler les massifs de béton les uns des autres, de les rattacher entre eux d'une manière continue, au moyen de caisses de trois côtés seulement et dont le quatrième serait formé par la paroi latérale du béton déjà coulé. Mais il résulterait de ce mode d'opérer deux inconvénients graves : d'abord il faudrait, avant de couler une seconde caisse, attendre que le béton eût assez durci dans la première pour pouvoir en enlever les panneaux, ce qui occasionnerait une perte de temps considérable; ensuite, et cette raison est encore plus décisive que la première, des panneaux rattachés à un massif de béton contre lequel ils viendraient s'appliquer, présenteraient évidemment beaucoup moins de solidité que lorsqu'ils forment un système entièrement fermé, et dont les quatre cloisons sont reliées entre elles. C'est ainsi que le béton coulé dans un entre-deux est beaucoup plus exposé que celui qui a été immergé dans une caisse. Aussi est-il nécessaire que l'entre-deux renferme le plus petit espace possible, celui qui est indispensable pour la manœuvre des machines, parce qu'alors, comme il peut être rempli dans quelques heures, il est toujours facile de saisir le moment d'exécuter cette opération dans les conditions les plus favorables; et cependant, tant que le béton n'a pas durci, les entre-deux courent quelques dangers, et c'est toujours sur eux qu'ont lieu principalement les avaries qui surviennent dans le cours des travaux.

Si l'on avait du béton à immerger dans des fonds de 8 à 10 mètres et au-dessus, les caisses formées de quatre panneaux réunis par des pentures à charnières n'offriraient plus une solidité suffisante, et les grandes dimensions de ces panneaux les rendraient difficiles à remuer et à assembler. Il faudrait alors leur substituer un système de poutrelles réunies comme les douves d'un tonneau et maintenues par des traverses resserrées avec des coins, de manière qu'en lâchant ces coins et enlevant les traverses, les poutrelles pussent se séparer d'elles-mêmes. Le sac en toile qui leur sert de fond serait assujetti par des cordes passées dans des trous pratiqués entre les joints des poutrelles, où elles seraient retenues par des chevilles; de sorte que le sac se trouverait dégagé en même temps que les poutrelles viendraient à se séparer.

Système des caisses-sacs pour des fonds de 8 à 10 mètres et au-dessus. PL. XVIII, fig. 1 et 2.

Une caisse ainsi formée est facile à monter; pour cela on dispose sur le sol une couche de madriers blanchis et suiffés sur une face, et sur cette couche on place deux poutres servant d'anguilles et maintenues par des traverses de 3 mètres d'écartement. Ces poutres sont surmontées d'un plancher formé de poutrelles et de madriers; aux quatre angles, et sur ce plancher, on pose verticalement quatre bigues, assujetties par le haut avec des traverses qui correspondent de l'une à l'autre, et contre lesquelles on appuie extérieurement les poteaux d'angles et les poutrelles formant panneaux, en ayant soin de remplir les quatre faces à la fois pour maintenir l'équilibre. Lorsque le remplissage est terminé, on pose les traverses dans les crampons destinés à les retenir, et on les assemble à leurs extrémités dans des entailles faites à mi-bois, où on les serre avec des coins en fer.

Le sac en toile s'adapte à la caisse, en roulant ses bords que l'on coud autour d'une ralingue introduite dans une rainure de o^m,o3, ménagée dans l'intérieur de la caisse en forme de jable de tonneau : des cordes de dimensions plus petites saisissent la ralingue, et passent dans des trous pratiqués entre les joints des poutrelles où elles sont retenues par des chevilles, placées perpendiculairement aux joints et encastrées de o^m,o2. La caisse est alors toute prête à être mise à la mer, et l'opération s'achève comme on l'a vu pour une caisse-sac ordinaire.

On se servira, pour le remplissage de cette caisse, de la trémie de cinq mètres cubes qui a été décrite plus haut. Dès qu'une fois le béton arrive au-dessus de l'eau, on achève de remplir la caisse comme on l'a dit précédemment.

Pour la démonter, on ôte d'abord les caisses à boulets, ensuite on relâche les coins des traverses inférieures, que l'on a soin d'amarrer avec des cordes fixées au-dessus de la caisse : on enlève sur deux faces les traverses dont les entailles sont en dessous, et lorsqu'on est arrivé à la dernière, qui doit être la plus élevée, les poutrelles se séparent d'elles-mêmes et les chevilles qui retiennent le sac se trouvent dégagées. Il ne reste plus qu'à retirer les poutrelles à terre.

Ce système pourrait être susceptible de nombreuses applications, soit pour la fondation des quais dans les ports, soit pour la construction des piles de ponts, soit enfin pour le cas où l'on trouverait avantageux d'établir des môles à claire-voie, semblables à ceux des Romains, et sur lesquels un constructeur napolitain, M. Fazio, a publié un mémoire fort intéressant, dont on doit une excellente traduction à M. Lemoyne, ingénieur en chef des ponts et chaussées.

SECTION TROISIÈME.

CHAPITRE X.

Après avoir décrit, dans leurs détails les plus circonstanciés, les ouvrages qui entrent dans le système de construction à la mer en blocs de béton, il reste, pour compléter tout ce qui concerne ce système, à donner les analyses détaillées des prix de ces mêmes ouvrages. Ces analyses sont le résultat d'expériences poursuivies pendant le cours de six années consécutives. Chacune d'elles, comprenant les quantités d'heures de travail et de matériaux employés, peut être considérée comme une formule générale de laquelle il est facile de déduire, par de simples substitutions, les prix équivalents pour une localité quelconque. Ceux qui s'y trouvent spécifiés, bien que relatifs à la ville d'Alger, sont, à quelques différences près, sensiblement applicables à nos ports de la Méditerranée.

TRAVAUX A LA MER.

ANALYSE DES PRIX.

PRIX DES JOURNÉES.

				fr.	c.
La journée d'un ouvrier forgeron		de 1re classe se paye		4	»
——	——	de 2^e	——	3	50
——	——	de 3^e	——	3	»
——	——	de 4^e	——	2	50
——	tourneur		——	4	»
——	charron	de 1re	——	4	»
——	——	de 2^e	——	3	50
——	——	de 3^e	——	3	»
——	charpentier	de 1re	——	4	»
——	——	de 2^e	——	3	50
——	——	de 3^e	——	3	»
——	menuisier	de 1re	——	4	»
——	——	de 2^e	——	3	50
——	——	de 3^e	——	3	»
——	tonnelier		——	3	50
——	peintre	de 1re	——	4	»
——	——	de 2^e	——	3	50
——	——	de 3^e	——	3	»
——	calfat européen	de 1re	——	4	»
——	——	de 2^e	——	3	50
——	——	de 3^e	——	3	»
——	calfat indigène	de 1re	——	3	»
——	——	de 2^e	——	2	50
——	——	de 3^e	——	2	»
——	ferblantier		——	3	50
——	marin	de 1re	——	3	50
——	——	de 2^e	——	2	75
——	——	de 3^e	——	2	25
——	tailleur de pierre	de 1re	——	4	50
——	——	de 2^e	——	4	»
——	maçon	de 1re	——	4	50
——	——	de 2^e	——	4	»
——	——	de 3^e	——	3	50
——	carrier	de 1re	——	4	»
——	——	de 2^e	——	3	50
——	manœuvre européen		——	2	»
——	—— indigène		——	1	25

PRIX DES MATIÈRES.

BOIS.

	fr.	c.
Chêne , le mètre cube.	115	»
Orme.	70	»
Frêne.	70	»
Hêtre.	65	»
Sapin.	60	»
Madriers , le mètre carré.	3	90
Planches en sapin du Nord , la pièce. . .	1	60
—— de Trieste.	1	64

FER.

LE FER OUVRÉ EST CLASSÉ EN QUATRE CATÉGORIES.

1re *Catégorie à* 1 fr. 20 *le kilogramme.*

Masses grosses et petites, pinces grosses et moyennes, coins ; barres à mines, pistolets, rails pour chemins de fer de 0^m,04 à 0^m,05 , cercles , frettes , cordons de roues , équerres pour chariots , ferrements de brouettes, et autres ferrures ou outils de peu de sujétion.

2e *Catégorie à* 1 fr. 40 *le kilogramme.*

Équerres à charnières pour caisses , boulons de diverses longueurs , pentures et gonds à pointes ou pattes , organeaux à écrous pour caisses ou à scellement , montures de meule , épissoirs, valets d'établis , essieux à fusées tournées pour voiture , pics à tranche , pics à roc, curettes, marteaux à une ou deux pointes , couperets.

3e *Catégorie à* 1 fr. 80 *le kilogramme.*

Ferrures de cabestan , crocs à palan, étriers pour scies de scieurs de long , haches de charpentier , ébauchoirs, haches à main pour menuisier et charron , ferrures de tonneau à mortier, cercles pour four à chaux, ferrures légères pour hectolitres et mesures diverses, pentures à équerres blanchies , maillons pour chaînes , sergents pour menuisier , ferrures et outils divers avec assujettissement.

9

4ᵉ *Catégorie à 2 fr. 50 le kilogramme.*

Vis pour machines diverses, ferrures de poulies coupées, ferrures de canot, fers de gaffe, bisaiguës, herminettes de charpentier et quelques outils de tonnellerie.

Observation générale. — Les différentes espèces de fer seront désignées par le numéro de leur catégorie.

Nº 1.

Sous-détail d'un mètre cube de moellons.

	fr.	c.
Extraction de la pierre et cassage en moellons, 10 heures à 0 fr. 20 cent. l'heure.	2	»
0ᵏⁱˡ.,13 de poudre à 1 fr. 50 cent. le kilogramme.	»	20
Conduite et surveillance.	»	30
Pour 1,000 mètres cubes de moellons l'entretien des outils s'élève à 496 fr. — Pour un mètre cube.	»	50
Prix d'un mètre cube de moellons.	3	»

Nº 2.

Sous-détail d'un mètre cube de pierraille.

	fr.	c.
Un mètre cube de moellons coûte.	3	»
Cassage de pierraille, 10 heures à 0 fr. 20 cent. l'heure.	2	»
Transport au môle, suivant un parcours de 1,000 à 2,800 mètres.	2	25
Pour le cassage de 1,000 mètres cubes de pierraille l'entretien des outils s'élève à 160 fr. — Pour un mètre cube.	»	16
Prix d'un mètre cube de pierraille.	7	41

Nº 3.

Sous-détail d'un mètre cube de chaux vive.

La dépense pour la construction des fours à chaux et de leurs dépendances s'élève à 40,000 fr.; leur entretien coûte annuellement 2,000 fr., ce qui donne une dépense annuelle de 4,000 fr., à répartir sur environ 5,000 mètres de chaux vive qu'on y fabrique par année. La dépense des fours pour 1 mètre cube de chaux vive est donc de 80 c.

	fr.	c.
1ᵐ,10 de pierre à chaux à 3 fr. le mètre.	3	30
Transport suivant un parcours de 800 mètres, à 0 fr. 80 c. pour 1 mètre, ce qui, pour 1ᵐ,10, donne.	»	88
A reporter.	4	18

	fr.	c.
Report.	4	18
Cassage, 10 heures à 0 fr. 125 l'heure (avec des ouvriers indigènes).	1	25
Pour charger le four, 7 heures à 0 fr. 20 c. l'heure. . . .	1	40
Pour tirer la chaux du four, 5 heures à 0 fr. 125 l'heure (avec des ouvriers indigènes).	»	62
3 hect. 30 de charbon de terre, à 2 fr. 85 c. l'hectolitre. .	9	40
1 heure de chef d'atelier, à 0 fr. 40 c. l'heure.	»	40
Intérêts du capital de construction et d'entretien des fours.	»	80
Pour 1,000 mètres cubes de chaux vive, l'entretien des outils s'élève à 980 fr. — Pour 1 mètre cube.	»	98
Transport au môle suivant un parcours de 1,800 à 2,000 mètres.	2	25
Prix du mètre cube de chaux vive rendu au môle. . .	21	28

Nº 4.

Sous-détail d'un couloir pour éteindre la chaux.

	fr.	c.
12 planches en sapin de Trieste à 1 fr. 64 c. l'une.	19	68
20 heures de charpentier à 0 fr. 35 c. l'heure.	7	»
10 — — à 0 fr. 30 c. —	3	»
1 — de chef d'atelier à 0 fr. 50 c. l'heure.	»	50
10 kilog. de fer ouvré nº 1, à 1 fr. 20 c. le kilog.	12	»
Prix du couloir à éteindre la chaux.	42	18

Ce couloir peut durer un an moyennant 6 fr. de réparation, et servir à éteindre 500 mètres cubes de chaux vive. Le montant des dépenses étant de 42 fr. 18 c., on a pour frais de couloir, par chaque mètre cube de chaux, 0 fr. 10 c.

Nº 5.

Extinction de la chaux.

	fr.	c.
17 heures 33 de manœuvres à 20 c. l'heure.	3	47
1 heure de surveillant à 35 c. l'heure.	»	35
Frais de couloir et d'outils.	»	20
L'extinction du mètre cube de chaux vive coûte donc.	4	02

Le mètre cube de chaux vive revient donc, après l'extinction, à 25 fr. 30 c., et comme d'ailleurs 1^m,00 cube de chaux vive donne 1^m,75 de chaux éteinte , il en résulte que le prix du mètre cube de chaux éteinte est de 14 fr. 46 c.

N° 6.

	fr.	c.
Le mètre cube de sable rendu au môle coûte.	2	50

N° 7.

	fr.	c.
Le mètre cube de pouzzolane, y compris les frais d'emma-gasinage et de transport à pied d'œuvre , coûte.	40	»

N° 8.

Sous-détail d'un tonneau à mortier de la contenance de 0^m,80, avec douves et fond en bois de chêne , arbres , croisillons , dents , crapaudine et manivelle en fer forgé.

	fr.	c.
0^m,52 cubes bois de chêne à 115 fr. le mètre.	59	80
140 heures de tonnelier à 35 c. l'heure.	49	»
4 — de chef d'atelier à 50 c. l'heure.	2	»
842 kilog. fer ouvré, n° 3 , à 1 fr. 80 c. le kilog.	1,515	60
8 bricoles pour les tourneurs à 2 fr. l'une.	16	»
Prix du tonneau à mortier.	1,642	40

Ce tonneau peut durer 10 ans , moyennant 150 fr. de réparations par an. La totalité des dépenses est de 3,142 fr. 40 c.; de cette somme , il faut déduire 100 fr. pour valeur du tonneau hors de service. La dépense réelle est de 3,042 fr. 40 c., à répartir sur 48,000 mètres cubes de mortier qu'on doit y fabriquer pendant sa durée, à raison de 4,800 mètres cubes par an. La dépense du tonneau , pour 1 mètre cube de mortier, est donc de 0 fr. 07 c.

N° 8 bis.

Sous-détail d'un tonneau semblable , avec croisillons en fonte.

	fr.	c.
0^m,52 cubes de bois de chêne à 115 fr. le mètre.	59	80
140 heures de tonnelier à 0 fr. 35 l'heure	49	»
4 — de chef d'atelier à 0 fr. 50 c. l'heure.	2	»
542 kilog. de fer ouvré , n° 3 , à 1 fr. 80 c. le kilog. . . .	975	60
326 kilog. 75 de fonte façonnée à 45 c. le kilog.	147	3
8 bricoles à 2 fr. l'une.	16	»
Prix du tonneau à mortier.	1,249	43

Ce tonneau, qui coûte moins que le précédent, peut avoir la même durée ; mais la fonte étant plus fragile que le fer, les réparations seront plus fréquentes; d'où l'on conclut, qu'à l'époque de sa mise hors de service, la dépense totale aura été à peu près la même.

N° 9.

Sous-détail d'un mètre cube de mortier.

	fr.	c.
0ᵐ,50 cubes de chaux à 14 fr. 46 c. le mètre.	7	23
0ᵐ,50 cubes de sable à 2 fr. 50 c. le mètre.	1	25
0ᵐ,50 de pouzzolane à 40 fr. le mètre	20	»
8 heures 40 minutes * de manœuvre à 20 c. l'heure.	1	68
63 minutes de chef d'atelier à 50 c. l'heure.	»	32
Valeur du tonneau pour 1 mètre cube.	»	7
Pour 1,000 mètres cubes de mortier, l'entretien des mannes et outils s'élève à 205 fr. — Pour 1 mètre cube.	»	20
Prix d'un mètre cube de mortier.	30	75

N° 10.

Sous-détail d'une brouette à mortier.

	fr.	c.
0ᵐ,045 cubes bois d'orme à 70 fr. le mètre.	3	15
0ᵐ,88 superficiels de planches de Trieste à 1 fr. 64 c. le mètre.	1	44
17 heures 15 minutes de charron à 35 c. l'heure.	6	»
6 kilog. 80 de fer ouvré, n° 1, à 1 fr. 20 c. le kilog.	8	16
Prix de la brouette à mortier.	18	75

Cette brouette, avec 8 fr. de réparations, peut durer un an et transporter 750 mètres cubes de mortier. Le montant de la dépense étant de 26 fr. 75 c., on a donc pour 1 mètre cube de mortier 4 c.

N° 11.

Sous-détail d'une brouette à coffre pour pierraille.

	fr.	c.
0ᵐ,047 cubes bois d'orme à 70 fr. le mètre.	3	29
0ᵐ,88 superficiels de planches de Trieste à 1 fr. 64 c. le mètre.	1	44
17 heures 15 minutes de charron à 35 c. l'heure.	6	»
7 kilog. 35 de fer ouvré n° 1, à 1 fr. 20 c. le kilog.	8	82
Prix d'une brouette à coffre pour pierraille.	19	55

* Dans ce devis et les suivants, nous avons adopté la division centésimale de l'heure.

Cette brouette, avec 10 fr. de réparations, peut durer un an et transporter 750 mètres cubes de pierraille. Le montant de la dépense étant de 29 fr. 55 c., on a donc pour 1 mètre cube de pierraille 4 c.

N° 12.

Sous-détail d'un mètre cube de béton.

	fr.	c.
1 mètre cube de pierraille à 7 fr. 41 c. (voir le sous-détail n° 2).	7	41
0^m,50 cubes de mortier à 30 fr. 75 c. (voir le sous-détail n° 9).	15	37
5 heures de manœuvre à 20 c. l'heure.	1	»
10 minutes de chef d'atelier à 50 c. l'heure.	»	5
Pour 1,000 mètres cubes de béton, l'entretien des outils s'élève à 70 fr. (frais d'outils pour 1 mètre cube).	»	7
Dépense des brouettes pour un mètre cube de béton (voir les sous-détails n° 10 et 11).	»	6
Prix du mètre cube de béton.	23	96

N° 13.

Sous-détail d'une caisse-moule en charpente pour un bloc de 10^m,00 cubes avec sablières en chêne, poteaux d'angles et de remplissage en sapin, doublage en planches de Trieste.

	fr.	c.
0^m,76 cubes bois de chêne à 115 fr. le mètre.	87	40
0^m,75 cubes bois de sapin à 60 fr. le mètre.	45	»
18 planches de Trieste à 1 fr. 64 c. l'une.	29	52
30 heures de charpentier à 0 fr. 40 c. l'heure.	12	»
60 — — à 0 fr. 35 c. —	21	»
80 — — à 0 fr. 30 c. —	24	»
6 — de chef d'atelier à 0 fr. 50 c. —	3	»
3 kilogrammes de clous à 1 fr. le kilogramme.	3	»
Prix de la caisse-moule.	224	92

Cette caisse, avec 25 fr. de réparations, peut servir environ 50 fois ; le montant de la dépense étant de 250 fr., on a donc, de frais de caisse pour 1 bloc, 5 fr.

N° 13 *bis.*

Sous-détail d'une caisse-moule à panneaux assemblés par des pentures à charnières.

	fr.	c.
0ᵐ,62 cubes bois de chêne à 115 fr. le mètre.	71	30
0ᵐ,75 cubes bois de sapin à 60 fr. le mètre.	45	»
18 planches de Trieste à 1 fr. 64 c. l'une.	29	52
30 heures de charpentier à 0 fr. 40 c. l'heure.	12	»
60 — — à 0 fr. 35 c. —	21	»
80 — — à 0 fr. 30 c. —	24	»
6 — de chef d'atelier à 0 fr. 50 c. —	3	»
61 kilogrammes fer ouvré n° 2, à 1 fr. 40 c. le kilogramme.	85	40
3 — de clous à 1 fr. le kilogramme.	3	»
Prix de la caisse-moule.	294	22

Cette caisse peut servir à mouler 75 blocs, moyennant 40 fr. de réparations. Le montant de la dépense étant de 334 fr. 22 c., on a donc 4 fr. 46 c. de dépense de caisse pour 1 bloc. En réunissant cette dépense à celle du n° 13, on a pour la dépense moyenne de caisse-moule, par bloc, 4 fr. 73 c.

N° 14.

Sous-détail d'un bloc de béton de 10 mètres cubes.

	fr.	c.
10ᵐ cubes de béton à 23 fr. 96 c. le mètre. (Voir le sous-détail n° 12.)	239	60
10 heures de manœuvre à 0 fr. 20 c. l'heure.	2	»
0ʰ,93 de chef d'atelier à 0 fr. 50 c. l'heure.	»	46
Montage et démontage de la caisse, 5ʰ,42 à 0 fr. 20 c. l'heure.	1	8
Dépense de la caisse pour 1 bloc. (Voir le sous-détail n° 13 *bis.*)	4	73
Pour 100 blocs, l'entretien des outils s'élève à 97 fr.; d'ou pour 1 bloc.	»	97
Prix d'un bloc de 10 mètres.	248	84

N° 15.

Sous-détail d'un mètre courant de chemin de fer fixe.

	fr. c.
0ᵐ,06 cubes de bois de chêne, pour les longrines sur lesquelles les rails sont scellés, à 115 fr. le mètre.	6 90
5 heures de charpentier à 0 fr. 30 c. l'heure.	1 50
34ᵏⁱˡ.,50 de fer ouvré n° 1, à 1 fr. 20 c. le kilogramme.	41 40
2 heures de maçon pour la pose des rails à 0 fr. 45 c. l'heure.	» 90
Prix d'un mètre courant de chemin de fer fixe. . .	50 70

Comme l'aire en maçonnerie dans laquelle les rails sont scellés est le terre-plein même du môle, la préparation de cette aire n'entre pas dans l'évaluation de la dépense, qui ne comprend que les rails avec leurs longrines. Le parcours moyen d'un bloc est de 100 mètres. La valeur du chemin, sur cette distance, est de 5,070 fr.; il peut supporter le transport de 1,000 blocs, avant d'être entièrement détérioré; après quoi il conserve une valeur de 400 fr., à déduire du montant de la dépense; reste donc 4,670 fr., ce qui donne pour 1 bloc 4 fr. 67 c.

N° 16.

Sous-détail d'une machine à soulever les blocs.

	fr. c.
9ᵐ,47 cubes de bois de chêne à 115 fr. le mètre.	1,089 5
0ᵐ,135 cubes de bois de sapin à 60 fr. le mètre.	8 10
13 mètres carrés de madriers en sapin à 3 fr. 90 c. le mètre.	50 70
8 planches de Trieste à 1 fr. 64 c. l'une.	13 12
800 heures de charpentier à 0 fr. 40 c. l'heure.	320 »
700 — — à 0 fr. 35 c. —	245 »
550 — —. à 0 fr. 30 c. —	165 »
60 — de chef d'atelier à 0 fr. 50 c. —	30 »
4 grandes vis confectionnées en France, dans les ateliers de la Ciotat, à 500 fr. l'une.	2,000 »
1,412 kilogrammes de fer ouvré n°2, à 1 fr. 40 c. le kilog.	1,976 80
230 — de fer brut pour galets, à 0 fr. 45 c. le kilogramme.	103 50
8 kilogrammes de clous à 1 fr. le kilogramme.	8 »
Prix de la machine à soulever.	6,009 27

Cette machine peut durer 5 ans, moyennant 300 fr. de réparations par an. Le montant des dépenses s'élève à 7509 fr. 27 c. ; de cette somme il faut déduire la valeur de la machine hors de service, et qui est de 300 fr. Il reste donc 7209 fr. 27 c. à répartir sur 7200 blocs qu'elle doit soulever pendant sa durée. La dépense de la machine, pour 1 bloc, est donc de 1 fr.

N° 16 *bis*.

Sous-détail de quatre verrins pour soulever les blocs.

	fr.	c.
0^m,36 cubes bois de chêne à 115 fr. le mètre.	41	40
30 heures de charpentier à 40 c. l'heure.	12	»
60 — — à 35 c. —	21	»
54 — — à 30 c. —	16	50
5 — de chef d'atelier à 50 c. —	2	50
99 kilogrammes de fer ouvré n° 4, à 2 fr. 50 c. le kilogramme.	247	50
Prix d'un verrin confectionné dans les ateliers d'Alger.	340	90

	fr.	c.
Pour soulever un bloc, il faut quatre verrins semblables, dont la dépense est de.	1363	60
122 kilogrammes de chaînes à 1 fr. le kilogramme. . . .	122	»
Les verrins et les chaînes réunies coûtent. .	1485	60

Cet appareil peut durer 5 ans, moyennant 200 fr. de réparations par année : la dépense totale s'élevant à 2,485 fr. 60 c., il faut en déduire 80 fr. pour la valeur que l'appareil conserve lorsqu'il est hors de service. Il reste donc 2,405 fr. 60 c. à répartir sur 7200 blocs qu'il peut soulever pendant sa durée. La dépense pour un bloc est de 33 c. Cette dépense étant réunie à celle du n° 16 donne 1 fr. 33 c. ; prenant alors la moitié de cette somme, on aura de dépense réelle pour un bloc 67 c.

N° 17.

Sous-détail du levage d'un bloc.

	fr.	c.
16 heures de manœuvre à 0 fr. 20 c. l'heure.	3	20
1 — de chef d'atelier à 0 fr. 50 c. l'heure.	»	50
Dépense de machines pour un bloc (Voir le s.-d., n° 16 *bis*).	»	67
Prix du levage d'un bloc.	4	37

Jusqu'ici les opérations et les machines sont les mêmes pour l'immersion des blocs, qu'elle

10

ait lieu par terre ou par mer ; mais maintenant les unes et les autres étant différentes dans l'un et dans l'autre cas, nous allons les suivre séparément pour chacun de ces modes d'immersion.

IMMERSION DES BLOCS PAR TERRE.

N° 18.

Sous-détail d'un chariot à transporter les blocs.

	fr. c.
0^m,73 cubes bois de chêne à 115 fr. le mètre	83 95
100 heures de charpentier à 40 c. l'heure.	40 »
60 — — à 35 c. —	21 »
105 — — à 30 c. —	31 50
15 — — à 50 c. —	7 50
276$^{kil.}$,50 de fer ouvré n° 2, à 1 fr. 40. c. le kilogramme.	385 70
112 kilog. de fer façonné à 45 c. —	50 40
Prix du chariot.	620 05

Ce chariot durera 4 ans ; mais les roues qui sont en fonte et le bois seront renouvelés deux fois par an , ce qui occasionnera une dépense annuelle de 400 fr. La dépense totale sera donc de 220 fr. 5 c. à répartir sur 5760 blocs que le chariot doit transporter. La dépense pour un bloc est de 38 c.

N° 19.

Sous-détail d'un chemin tournant sur pivot de fonte.

	fr. c.
0^m,90 cubes de bois de chêne à 115 fr. le mètre.	103 50
70 heures de charpentier à 40 c. l'heure.	28 »
70 — — à 35 c. —	24 50
75 — — à 30 c. —	22 50
10 — de chef d'atelier à 50 c. —	5 »
350 kilogrammes de fer ouvré n° 1, à 1 fr. 20 c. le kilogramme.	420 »
101 kilogrammes de fonte façonnée à 45 c. le kilogramme.	45 45
Prix du chemin tournant.	648 95

Ce chemin tournant, avec 100 fr. de réparations, peut durer 6 mois et porter 720 blocs. Le montant des dépenses étant de 748 fr. 95 c., la dépense pour 1 bloc est de 1 fr. 4 c.

N° 20.

Sous-détail d'un mètre courant de chemin mobile.

	fr.	c.
0^m,09 cubes de bois de chêne à 115 fr. le mètre.	10	35
5 heures de charpentier à 40 c. l'heure.	2	»
34 kilog. de fer ouvré n° 1, à 1 fr. 20 c. le kilogramme. .	41	40
Prix du mètre courant de chemin mobile.	53	75

Chaque bloc parcourt moyennement 50 mètres de chemin mobile : la dépense pour ces 50 mètres est de 2,687 fr. 58 c., dont il faut déduire 200 fr. pour la valeur du chemin lorsqu'il est hors de service. Il reste donc 2,487 fr. 58 c. à répartir sur 720 blocs, au transport desquels le chemin doit servir. Dépense pour 1 bloc, 3 fr. 45 c.

N° 21.

Sous-détail d'un cabestan.

	fr.	c.
1^m,25 cubes de bois de chêne à 115 fr. le mètre.	143	75
210 heures de charpentier à 40 c. l'heure.	84	»
280 — — à 35 c. —	98	»
130 — — à 30 c. —	39	»
22 — de chef d'atelier à 50 c. —	11	»
114 kilog. de fer ouvré n° 1, à 1 fr. 20 c. le kilogramme. .	136	80
184 — n° 2, à 1 fr. 40 c. — . .	257	60
50 — n° 3, à 1 fr. 80 c. — . .	90	»
21 — n° 4, à 2 fr. 50 c. — . .	52	50
16 barres de 4 mètres, en plançons de chêne, à 3 fr. l'une.	48	»
Prix du cabestan.	960	65

Ce cabestan peut durer 6 ans, moyennant 100 fr. de réparations. Le montant de la dépense est de 1060 fr. 65 c.; de cette somme il faut déduire 60 fr. pour la valeur du cabestan lorsqu'il est hors de service. Il reste donc 1000 fr. 65 c. à répartir sur 8640 blocs qu'il doit tirer. Dépense du cabestan pour 1 bloc 12 c.

N° 22.

Sous-détail du transport et de l'immersion d'un bloc par terre.

	fr.	c.
20 heures de manœuvre à 20 c. l'heure.	4	»
1 — de chef d'atelier à 50 c. l'heure.	»	50
A reporter.	4	50

fr. c.

Report. 4 50

Pour transporter et échouer 238 blocs, il a été dépensé
1132 fr. 20 c. en cordages et en poulies. Dépense pour
1 bloc. '. 4 75

9 25

N° 23.

Sous-détail de la valeur totale d'un bloc immergé par terre.

fr. c.

Dépense du chemin de fer fixe pour 1 bloc. (Voir le sous-détail n° 15.)   4 67
—   du levage.   —   (Voir le sous-détail n° 17.)   4 37
—   du chariot.   —   (Voir le sous-détail n° 18.)   » 38
—   du chemin tournant.   —   (Voir le sous-détail n° 19.)   1 4
—   du chemin mobile.   —   (Voir le sous-détail n° 20.)   3 45
—   du cabestan.   —   (Voir le sous-détail n° 21.)   » 12
Valeur du bloc (Voir le sous-détail n° 14.) 248 84

Prix du bloc immergé par terre. 262 87

Tout ce qui est relatif à l'immersion par terre étant terminé, il faut reprendre le bloc au moment où il est soulevé et où le chariot est placé dessous, pour suivre la même opération lorsqu'elle a lieu par eau.

IMMERSION PAR EAU.

N° 23 *bis.*

Sous-détail du chariot destiné à transporter le bloc sur le flotteur.

fr. c.

1^m,38 cubes de bois de chêne à 115 fr. le mètre. 158 70
90 heures de charpentier à 40 c. l'heure. . . . . 36 »
65 —   —   à 35 c.   — 22 75
95 —   —   à 30 c.   — 28 50
15 —   de chef d'atelier à 50 c. 7 50
315 kilog. de fer ouvré n° 2, à 1 fr. 40 c. le kilogramme. . 441 »
112 —   de fonte façonnée à 45 c. le kilogramme. . . . 50 40

Prix du chariot. 744 85

Ce chariot durera 2 ans, en changeant les roues et le bois deux fois par an, ce qui occasionnera une dépense annuelle de 500 fr. La dépense totale sera donc de 1744 fr. 85 c., à répartir sur 2880 blocs que le chariot doit transporter. La dépense pour un bloc est de 60 c.

N° 24.

Sous-détail de la cale.

	fr.	c.
4 mètres cubes bois de sapin à 60 fr. le mètre. . . .	240	»
0ᵐ,20 cubes bois de chêne à 115 fr. le mètre.	23	»
70 heures de charpentier à 40 cent. l'heure.	28	»
60 — — à 35 —	21	»
100 — — à 30 —	30	»
10 — de chef d'atelier à 50 —	5	»
996 kilogrammes de fer ouvré n° 1, à 1 fr. 20 c. le kil.	1,195	20
10 — de clous à 1 fr. le kil.	10	»
Prix de la cale.	1,552	20

Cette cale peut durer deux ans, moyennant 200 fr. de réparations par an. Le montant de la dépense est de 1,952 fr. 20 c., à répartir sur 2880 blocs qu'elle peut porter. Dépense de la cale pour un bloc, 0 fr. 65 c.

N° 25.

Sous-détail du flotteur.

	fr.	c.
12ᵐ,208 cubes de bois de sapin à 60 fr. le mètre.	732	48
5ᵐ,537 cubes de bois de chêne à 115 fr. le mètre. . .	636	75
1200 heures de charpentier à 40 c. l'heure.	480	»
1100 — — à 35 —	385	»
810 — — à 30 —	243	»
114 — de chef d'atelier à 50 —	57	»
333 kilogrammes de chaînes à 1 fr. le kil.	333	»
1698 — de fer ouvré n° 2, à 1 fr. 40 c. le kil.	2,377	20
68 — n° 3, à 1 fr. 80 c. le kil.	122	40
Prix du flotteur.	5,366	83

Ce flotteur peut durer 10 ans, moyennant 400 francs de réparations par an. La dépense totale s'élève à 9,366 fr. 83 cent.; de cette somme il faut déduire 500 fr. pour la valeur du flotteur lorsqu'il est hors de service; il reste donc 8,866 fr. 83 cent, à répartir sur 12,000 blocs qu'il peut transporter. Dépense du flotteur pour un bloc, 74 cent.

N° 26.

Sous-détail du transport et de l'immersion du bloc par eau.

	fr.	c.
26 heures de manœuvre, à 20 cent. l'heure.	5	20
2 — de chef d'atelier à 50 cent. l'heure.	1	»
Dépense des poulies et des cordages pour un bloc (Voir le sous-détail n° 22).	4	75
Dépense du chemin de fer fixe pour un bloc (Voir le sous-détail n° 15).	4	58
Dépense du levage pour un bloc (Voir le sous-détail n° 17).	4	37
Dépense du cabestan pour un bloc (Voir le sous-détail n° 21).	»	12
Dépense du chariot pour un bloc (Voir le sous-détail n° 23).	»	60
Dépense de la cale pour un bloc (Voir le sous-détail n° 24).	»	65
Dépense du flotteur pour un bloc (Voir le sous-détail n° 25).	»	74
Valeur du bloc (Voir le sous-détail n° 14).	248	84
Prix du bloc immergé par eau.	270	85

N° 27.

Sous-détail de frais divers pour chaque mètre cube de blocs de béton.

	fr.	c.
Pendant l'année 1839 on a dépensé en frais d'écriture.	15,456	47
——— ——— d'emmagasinage.	4,997	67
——— ——— de gardiennage. .	10,703	»
——— en frais imprévus, pertes et avaries.	3,842	86
Total	35,000	»

Dans cette même année, il a été échoué 13,000 mètres cubes de blocs, ce qui donne, pour un mètre, 2 fr. 69 cent.

N° 28.

Sous-détail du prix total de revient d'un mètre cube de blocs de béton.

	fr.	c.
Prix d'un bloc de 10 mètres cubes immergé par terre (Voir le sous-détail n° 22).	272	03
Prix d'un bloc de 10 mètres cubes immergé par eau (Voir le sous-détail n° 26).	270	85
Prix des deux blocs.	542	88

D'où , pour le prix moyen d'un bloc de 10 mètres cubes. . 271 44 (fr. c.)

Et par conséquent pour un mètre cube . . . . 27 14 (fr. c.)
Frais divers (Voir le sous-détail n° 27). 2 69

Prix total du mètre cube. 29 83

Le prix du mètre cube de blocs de béton immergés irrégulièrement les uns sur les autres , à l'instar des pierres perdues, est donc , en nombre rond , de 30 fr.

OUVRAGES EN BÉTON IMMERGÉ DANS DES CAISSES-SACS.

N° 29.

Sous-détail d'une caisse-sac pour un bloc de 113 mètres cubes.

	fr.	c.
9^m,49 cubes de bois de sapin à 60 fr. le mètre	569	40
106 planches de 0^m,04 d'épaisseur en sapin du Nord à 2 fr. 25 c. l'une.	238	50
100 planches ordinaires en sapin du Nord à 1 fr. 60 c. l'une.	160	»
508 heures de charpentier à 40 cent. l'heure.	203	20
640 — — à 35 —	224	20
330 — — à 30 —	99	»
36 — de chef d'atelier à 50 —	18	»
814 kilogrammes fer ouvré n° 2, à 1 fr. 40 cent. le kil.	1,139	60
Étoupes et brai pour coutures.	65	»
200 heures de calfat à 35 cent. l'heure.	70	»
5 — de chef d'atelier à 50 cent. l'heure.	2	50
1200 — de charpentiers calfats à 35 cent. l'heure , pour monter et remonter six fois la caisse.	420	»
1920 heures de manœuvre à 20 cent. l'heure	384	»
60 — de chef d'atelier à 50 cent.	30	»
Total.	3,623	20

Cette caisse peut servir six fois, moyennant 600 fr. de réparations. La dépense totale s'élevant à 4,223 fr. 20 cent. , la dépense de la caisse pour un bloc est de 703 fr. 87 c.

N° 30.

Sous-détail du sac en toile pour garnir l'intérieur de la caisse.

fr.   c.

158 mètres carrés de toile à voile cousue et goudronnée,
à 5 fr. le mètre 790   »

On retire de cette toile un quart seulement que l'on emploie de nouveau. La dépense de la toile pour un bloc est donc, en nombre rond, de 600 fr.

N° 31.

Sous-détail d'une caisse à boulets.

fr.   c.

4 planches en sapin du Nord de 0^m,04 d'épaisseur, à 2 fr.
25 cent. l'une 9   »
10 heures de charpentier à 30 cent. l'heure 3   »
1 kilogramme de clous à 1 fr. le kilog. 1   »
16   —   de cordages à 1 fr. 80 cent. le kilog. 28 80
                                                         _____
Prix de la caisse à boulets 41 80

Pour une caisse-sac, il faut 12 caisses à boulets dont la valeur est 501 fr. 60 cent., et, comme elles servent pour 30 caisses-sacs, elles donnent pour chaque bloc une dépense de 16 fr. 72 cent.

N° 32.

Sous-détail d'un échafaudage pour arriver à la caisse.

fr.   c.

200 planches de sapin du Nord de 10^m,04 d'épaisseur à
2 fr. 25 cent. l'une 450   »
17 mètres carrés de madriers en sapin du Nord à 3 fr.
90 cent. le mètre. 65 30
500 heures de charpentier à 35 cent. l'heure. (Pour monter et démonter 10 fois l'échafaudage.) 175   »
20 heures de chef d'atelier à 50 cent. l'heure. (Pour le
monter et le démonter 10 fois.) 10   »
50 kilogrammes de clous à 1 fr. le kilog. (Pour le monter
et le démonter 10 fois.) 50   »
                                                         _____
Prix de l'échafaudage 751 30

Cet échafaudage peut servir à la confection de 10 blocs, après quoi il est totalement détruit. La dépense pour un bloc est donc de 75 fr. 15 cent.

N° 33.

Sous-détail d'une machine à couler le béton.

		fr.	c.
0^m,455 cubes de chêne, à 115 fr. le mètre.		52	32
0^m,265 cubes de bois de sapin à 65 fr. le mètre.		15	90
180 heures de charpentier à 40 c. l'heure.		72	»
10 — de chef d'atelier à 50 c. —		5	»
147 kilogrammes fer ouvré à 1 fr. 20 c. le kilog. . . .		176	40
92 — — n° 2, à 1 fr. 40 c. le kilog.		128	80
92 — — n° 4, à 2 fr. 50 c. le kilog.		230	»
77 — cuivre à 4 fr. le kilog.		308	»
42 — zinc à 80 c. le kilog.		33	60

Prix de la machine à couler. 1,022 02

Cette machine, avec 500 fr. de réparations, peut couler environ 10,000 mètres cubes de béton. Le montant de la dépense est de 1,522 fr. 02 c., ce qui donne, de dépense de machine pour 1 bloc de 10 mètres cubes, 1 fr. 25 c.

N° 34.

Sous-détail de la mise à flot de la caisse et de son échouage, y compris la pose des machines à couler.

	fr.	c.
10 kilogrammes de suif à 1 fr. 30 c. le kilog. pour lancer la caisse à la mer.	13	»
27 kilogrammes de filin pour ceinture à 1 fr. 80 c. le kilog.	48	60
200 heures de charpentier calfat à 35 c. l'heure.	70	»
10 — de chef d'atelier à 50 c.	5	»

Dépense pour 1 bloc. 136 60

N° 35.

Sous-détail du béton immergé dans la caisse.

	fr.	c.
113 mètres cubes de pierraille à 7 fr. 41 c. le mètre (Voir le sous-détail n° 2.).	837	33
28^m,25 de chaux à 14 fr. 46 c. (Voir le sous-détail n° 5).	408	50
56^m,40 de pouzzolane à 40 fr. (Voir le sous-détail n° 7).	2,260	»
1,800 heures de manœuvres à 20 c.	360	»
40 — de chef d'atelier à 50 c.	20	»

Prix du béton immergé. 3,885 83

N° 36.

Sous-détail de la valeur du bloc immergé dans la caisse-sac et dépouillé.

				fr.	c.
Dépense de la caisse pour 1 bloc	(V. le sous-détail n° 29.).			703	87
— de la toile	—	(*Id.*	n° 30.).	600	»
— de la mise à flot et de l'échouage de la caisse	(V. le sous-détail n° 34).			136	60
— des caisses à boulets	(—		n° 31).	16	72
— de l'échafaudage	(—		n° 32).	75	13
— du tonneau à mortier	(—		n° 8).	7	91
— de brouettes	(—		n° 11).	6	78
— d'outils	(—		n° 14).	31	07
— de la machine à couler	(—		n° 33).	17	20
— de béton	(—		n° 35).	3,885	80
Frais divers.	(—		n° 27).	303	97

Prix du bloc dépouillé. 5,785 05

Le mètre cube du bloc revient à. 51 19

———⟫⟨———

* SOUS-DÉTAILS

DU TRANSPORT PAR EAU ET DE L'IMMERSION DES BLOCS DE BÉTON, SUIVANT DIVERS PROCÉDÉS EXPOSÉS DANS LE MÉMOIRE, MAIS QUI N'ONT PAS SUBI L'ÉPREUVE DE L'EXPÉRIENCE.

———

PROCÉDÉ

POUR LA POSE DES BLOCS PAR ASSISES RÉGULIÈRES.

N° 37.

Sous-détail de la pose d'un bloc.

	fr.	c.
50 heures de manœuvres à 20 c. l'heure.	10	»
3 heures de chef d'atelier à 50 c. l'heure.	1	50
A reporter.	11	50

	fr.	c.
Report.	11	50
Dépenses de poulies et de cordages pour 1 bloc (Voir le sous-détail n° 22.).	4	75
Dépense de chemin de fer fixe pour 1 bloc (Voir le sous-détail n° 15.).	4	58
Dépense de la cale pour 1 bloc(Voir le sous-détail n° 24).	»	65
— du chariot — (— n° 23).	»	60
— du flotteur — (— n° 25).	»	74
— du cabestan — (— n° 21).	»	12
— du levage — (— n° 17).	4	37
Valeur du bloc fabriqué (— n° 14).	248	84
Frais divers (— n° 27).	26	90
Montant.	303	05

SYSTÈME DE TRANSPORT ET D'IMMERSION DES BLOCS AU MOYEN D'UN PONTON.

Les blocs sont amenés à la cale de la même manière que ceux que l'on immerge au moyen du flotteur.

Un ponton de 21 mètres de longueur sur 7 mètres de largeur et 2^m,80 de hauteur, portant un chemin de fer et avec un cabestan placé dans l'intérieur, coûte 30,000 fr. L'intérêt annuel du capital est de 1,500 fr. L'entretien du ponton s'élève à 2,500 par an, ce qui donnera une dépense de 4,000 fr. chaque année. Ce ponton fera deux voyages par jour et transportera 8 blocs par voyage, ce qui fera 3200 blocs, à raison de 200 jours de travail dans l'année. On aura donc 1 fr. 25 c. de dépense pour 1 bloc.

N° 38.

Sous-détail de la cale.

	fr.	c.
1^m,630 de bois de chêne à 115 fr. le mètre.	187	45
230 heures de charpentier à 40 c. l'heure.	92	»
10 — de chef d'atelier à 50 c. —	5	»
84 kilogrammes de fer ouvré n° 1 à 1 fr. 20 c. le kilog.	100	80
Montant.	385	25

Cette cale peut servir pour 1,000 blocs environ, ce qui donne 38 centimes de dépense pour 1 bloc.

N° 39.

Sous-détail du traîneau.

	fr.	c.
1ᵐ,188 de bois de chêne à 115 fr. le mètre.	136	62
200 heures de charpentier à 35 c. l'heure.	70	»
8 — de chef d'atelier à 50 c. —	4	»
112 kilogrammes de fer ouvré n° 2, à 1 fr. 40 c. le kilog.	156	80
10 — de clous à 1 fr. le kilog.	10	»
50 vis à 25 c. l'une.	12	50
Montant.	389	92

Ce traîneau peut servir à transporter 100 blocs, ce qui donne 39 c. de dépense pour 1 bloc.

N° 40.

Sous-détail du transport et de l'immersion d'un bloc.

	fr.	c.
Pour amener 8 blocs sur le ponton, les transporter et les immerger, il faut 48 hommes travaillant pendant 5 heures, ce qui donne pour 1 bloc 30 heures de manœuvres, à 20 c. l'heure.	6	»
10 heures de chef d'atelier réparties sur huit blocs donnent, pour 1 bloc, 1ʰᵉᵘʳᵉ,25 à 50 c. l'heure..	»	625
Dépense de cordages pour 1 bloc (Voir le sous-détail nᵘ 22).	4	75
On a dit plus haut que la dépense du remorqueur pour 1 bloc est de 11 fr. 03 c., en supposant qu'il transporte 10 blocs par jour ; mais comme il en transportera 16 avec le ponton, cette même dépense pour 1 bloc se réduira à.	6	90
Prix du transport et de l'immersion. . . .	18	275

N° 41.

Sous-détail de la valeur totale du bloc transporté et immergé.

	fr.	c.
Dépense du chemin pour 1 bloc (Voir le sous-détail n° 15). .	4	58
— de la machine à soulever (— n° 17). .	»	67
— du traîneau (— n° 39). .	»	39
A reporter.	5	64

		fr.	c.
Report.		5	64
Dépense du chariot. . . (Voir le sous-détail n° 18).		»	38
— du cabestan. . . (— n° 21).		»	12
— de la cale. . . . (— n° 38).		»	385
— du transport. . (— n° 40).		18	27
Valeur du bloc dépouillé. (— n° 14).		248	84
Frais divers. . . . . (— n° 27).		26	90
Montant.		300	535

SYSTÈME DE BLOCS DE BÉTON FABRIQUÉS SUR UNE PLAGE ET MIS A FLOT AU MOYEN
D'UNE SEULE TONNE.

N° 42.

Sous-détail d'un chantier à coulisses, de 40 mètres de longueur.

	fr.	c.
8^m,50 cubes de bois de chêne à 115 fr. le mètre.	977	50
720 heures de charpentier 40 c. l'heure.	288	00
650 — — à 35 c. —	227	50
120 — — à 30 c. —	36	»
Montant.	1,529	»

Ce chantier peut durer 2 ans, moyennant 1,000 fr. de réparations, ce qui donnera 2,529 fr. de dépense à répartir sur les 2,000 blocs au transport desquels il pourra servir. La dépense du chantier pour 1 bloc est de 1 fr. 26 c.

N° 43.

Sous-détail d'un traîneau à coulisses placé sur le chantier et servant de fond à la caisse.

	fr.	c.
0^m,48 cubes de bois de chêne à 115 fr. le mètre.	55	20
0^m,68 — de sapin à 60 fr. —	40	80
10 mètres carrés de madriers à 3 fr. 90 c. —	39	»
15 kilogrammes de broches à 90 c. le kilog.	13	50
A reporter.	148	50

	fr.	c.
Report.	148	50
55 heures de charpentier à 40 c. l'heure.	22	»
60 — — à 35 c. —	21	»
100 — — à 30 c. —	30	»
Montant.	221	50

Ce traîneau peut servir au transport de 100 blocs, moyennant 25 fr. de réparations, ce qui donne en total 246 fr. 50 c. La dépense pour 1 bloc est de 2 fr. 46 c.

La caisse-moule est la même que celle déjà décrite au n° 11 *bis* (Voir le sous-détail n° 14, pour le montage et le remplissage de la caisse). Le prix du bloc dépouillé est de 248 fr. 84 c.

N° 44.

Sous-détail de deux chantignoles.

	fr.	c.
$0^m,20$ cubes de sapin à 60 fr. le mètre.	12	»
30 heures de charpentier à 30 c. l'heure.	9	»
Montant.	21	»

Ces chantignoles peuvent servir 100 fois à recevoir la forme qui doit s'y adapter, ce qui donne 21 c. de dépense pour 1 bloc.

N° 45.

Sous-détail d'un plan incliné.

	fr.	c.
$0^m,36$ cubes de sapin à 60 fr. le mètre.	21	60
30 heures de charpentier à 40 c. l'heure.	12	»
Montant.	33	60

Ce plan incliné pourra servir à monter 500 tonnes, ce qui donne 7 c. pour 1 bloc.

N° 46.

Sous-détail d'une tonne.

	fr.	c.
75 mètres carrés de madriers en sapin à 3 fr. 90 c. le mètre.	292	50
319 kilogram. de fer ouvré n° 2, à 1 fr. 40 c. le kil.	446	60
A reporter.	739	10

		fr.	c.
	Report.	739	10
250 —	de chaîne à 1 fr. le kilog..	250	»
750 heures	de charpentier à 40 c. l'heure.	300	»
40 —	de chef d'atelier à 50 c. —	20	»
	Montant.	1,309	10

Cette tonne peut transporter 2,000 blocs, moyennant 1,000 fr. de réparations, ce qui donne en total 2,309 fr. 10 c. de dépense. La dépense pour 1 bloc est de 1 fr. 15 c.

Nº 47.

Sous-détail du treuil pour tirer la tonne.

		fr.	c.
0m,45 cubes de bois de chêne à 115 fr. le mètre.		51	75
2 courbes de chêne à 9 fr. l'une.		18	»
180 heures de charpentier à 40 c. l'heure.		72	»
10 — de chef d'atelier à 50 c. l'heure.		5	»
33 kilogrammes de fer ouvré nº 1, à 1 fr. 20 c. le kilog.		39	60
65 — — nº 2, à 1 fr. 40 c. —		91	»
56 — — nº 3, à 1 fr. 80 c. —		100	80
138 — de fonte de fer, à 45 c. le kilog.		62	10
Montant.		440	25

Ce treuil peut durer 4 ans, moyennant 40 fr. de réparations par an. La dépense totale s'élève à 600 fr. 25 c., à répartir entre 4,000 blocs sur lesquels le treuil aide à monter la tonne ; la dépense pour 1 bloc est de 15 c.

Nº 48.

Sous-détail de la cale.

		fr.	c.
6 mètres cubes de sapin à 60 fr. le mètre.		360	»
0m,30 — de chêne à 115 fr, le mètre.		34	50
120 heures de charpentier à 40 c. l'heure.		48	»
90 — — à 35 c. —		31	50
150 — — à 30 c. —		45	»
15 — de chef d'atelier à 50 c. l'heure.		7	50
718 kilogrammes de fer ouvré nº 1, à 1 fr. 20 c. le kil.		861	60
15 — de clous à 1 fr. le kilog.		15	»
Montant.		1,403	10

Cette cale peut durer 2 ans moyennant 200 fr. de réparations par an. La dépense totale est de 1,803 fr. 10 c. à répartir sur 2,000 blocs qu'elle peut porter. La dépense pour 1 bloc est de 90 c.

N° 49.

Sous-détail du bloc armé de la tonne, descendu jusqu'à la cale, mis à flot et immergé.

			fr.	c.
20 heures de manœuvres à 20 c. l'heure.			4	»
Dépense du chemin pour 1 bloc (V. le sous-dét. n° 42).			1	26
— du traîneau. (	—	n° 43).	2	46
— des chantignoles. (	—	n° 44).	»	21
— du plan incliné. (	—	n° 45).	»	07
— de la tonne. (	—	n° 46).	1	15
— du treuil. (	—	n° 47).	»	15
— de la cale. (	—	n° 48).	»	90
— de cordages et de poulies. (	—	n° 22).	4	75
Valeur du bloc dépouillé. (	—	n° 14).	248	84
Frais divers. (	—	n° 27).	26	90
Prix du bloc mis à flot.			290	69

	fr.	c.
La dépense première pour un remorqueur en fer de la force de 16 chevaux est de 80,000 fr. L'intérêt de ce capital est de 4,000 fr. par an	4,000	»
Les réparations coûteront annuellement.	3,000	»
Un conducteur de machine à 2,000 par an.	2,000	»
Un maître d'équipage à 1,800 fr. par an.	1,800	»
Quatre marins à 1,000 fr. chacun.	4,000	»
Trois chauffeurs à 1,200 fr. chacun.	3,600	»
Pour 200 jours de travail, de 10 heures chacun (à raison de 56 kilogrammes par heure) on a, en nombre rond, 96 tonneaux de charbon à 37 fr. 50 c. l'un.	3,600	»
22 kilogrammes d'huile (à raison de 230 millièmes par tonneau) à 1 fr. 50 c. le kilog.	33	»
22 kilogrammes de suif (à raison de 230 millièmes par tonneau) à 1 fr. 30 le kilog.	28	60
Montant.	22,061	60

En mettant à 200 le nombre de jours pendant lesquels le temps permettrait à ce bateau de tenir la mer, il remorquerait 2,000 blocs, à raison de 10 par jour. La dépense pour 1 bloc serait de 11 fr. 03 c.; reportant cette dépense avec celle du bloc mis à flot, on a , de dépense effective, 301 fr. 72 c. pour 1 bloc.

SYSTÈME DE MISE A FLOT DES BLOCS SUR L'OCÉAN.

N° 50.

Sous-détail d'un bloc de dix mètres cubes, mis à flot par la marée, transporté par un remorqueur et immergé.

fr. c.

7 mètres carrés de toile cousue et goudronnée, à 5 fr. le mètre, font 35 fr. Cette toile peut durer 70 fois, ce qui donne 50 c. par bloc; en ajoutant 3 francs de tringles et de clous pour l'assujettir, on aura 3 fr. 50 c. de dépense de toile pour 1 bloc. 3 50

Dépense de chantignoles pour 1 bloc (Voir le sous-détail n° 44). . . . .   » 21

Dépense de la tonne. . . . (Voir le sous-détail n° 46).   1 15

—   du remorqueur. . (—   n° 49).   11 03

Frais divers. . . . . (.   —   n° 27).   26 90

Valeur du bloc fabriqué. . (—   n° 14).   248 84

Dépense totale du bloc immergé. 291 63

SYSTÈME DE CAISSES-SACS EN POUTRELLES POUR DES HAUTEURS D'EAU DE 8 A 10 MÈTRES ET AU-DESSUS.

N° 51.

Sous-détail d'une caisse-sac, de 8 mètres de hauteur sur 8 mètres de côtés, pour 1 bloc de 450 mètres.

fr. c.

70 mètres cubes de sapin à 60 fr. le mètre. . . . . .   4,200 »

3,200 heures de charpentier à 40 c. l'heure. . . . .   1,280 »

A reporter. . . . .   5,480 »

12

	fr.	c.
Report.	5,480	»
2,500 heures de charpentier à 35 c. l'heure.	875	»
1,800 — — à 30 c. —	540	»
200 — de chef d'atelier à 50 c. —	100	»
800 kilogrammes d'étoupes à 42 c. le kilog. pour calfater 10 fois.	336	»
30 barils de brai à 24 fr. l'un.	720	»
12,500 heures de calfat à 35 c. l'heure.	4,375	»
400 — de chef d'atelier à 50 c. l'heure. . . .	200	»
1,600 mètres carrés de toile cousue et goudronnée, à 5 fr. le mètre, pour garnir 10 fois.	8,000	»
12,000 heures de charpentier à 35 l'heure, pour monter et démonter 10 fois.	4,200	»
300 kilogrammes de clous à 1 fr. le kilog., pour monter 10 fois.	300	»
200 kilogrammes de filin à 1 fr. 80 c.	360	»
10 — de menu filin à 2 fr. le kilog.	20	»
Montant.	25,506	»

Comme les mêmes poutrelles peuvent servir dix fois, on a porté dans le sous-détail tous les frais de fourniture et de main-d'œuvre nécessaires pour réemployer dix fois la même caisse, à laquelle il y aura seulement à faire chaque fois pour 450 fr. de réparations. La dépense totale est de 30,006 fr.; ce qui donne 3,000 fr. 60 c. pour le bloc.

Observation. Pour lester cette caisse, il faut 36 caisses à boulets ordinaires. Voir le sous-détail n° 32.

N° 52.

Sous-détail d'une trémie à clapet, de la contenance de 5 mètres cubes.

	fr.	c.
3ᵐ,18 cubes de bois de chêne à 115 fr. le mètre. . . .	365	70
0ᵐ,531 — de sapin à 60 fr. —	31	86
500 heures de charpentier à 40 c. l'heure.	200	»
100 — — à 35 c. —	35	»
20 — de chef d'atelier à 50 c. l'heure.	10	»
158 kilog. de fer ouvré n° 1, à 1 fr. 20 c. le kilog. . .	189	60
366 — — n° 2, à 1 fr. 40 c. — . . .	512	40
258 — — n° 3, à 1 fr. 80 c. — . . .	464	40
200 — — n° 4, à 2 fr. 50 c. — . . .	500	»
72 — de fonte de cuivre à 3 fr. le kilog.	216	»
300 — de fonte de fer à 45 c. le kilog.	135	»
94 boulons de 8ᵐ,08 de longueur, à 15 c. l'un. . . .	14	10
Montant.	2,674	06

Cette machine peut servir à couler environ 20,000 mètres cubes de béton, moyennant 1,200 fr. de réparations. Le montant de la dépense est de 3,874 fr. 06 c. ; ce qui donne pour 1 mètre cube de béton 193 millièmes, et pour 1 bloc de 450 mètres, 86 fr. 85 c.

N° 53.

Sous-détail de la mise à flot de la caisse et de son échouage, y compris la pose des machines à couler le béton.

	fr.	c.
25 kilogrammes de suif à 1 fr. 30 c. le kilog.	32	50
70 — de filin pour ceinture à 1 fr. 80 le kilog.	126	»
150 heures de calfat à 35 c. l'heure.	52	50
150 — de marins à 275 millièmes l'heure.	41	25
700 — de manœuvres à 20 c. l'heure.	140	»
10 — de chef d'atelier à 50 c. —	5	»
Montant.	397	25

N° 54.

Sous-détail d'un pont de service d'une longueur moyenne de 20 mètres.

	fr.	c.
7^m,20 cubes de bois de sapin à 60 fr. le mètre.	432	»
110 mètres carrés de madriers en sapin à 3 fr. 90 c.	429	»
250 kilogrammes de clous à 1 fr. le kilog. (pour 10 fois).	250	»
1,400 heures de charpentier à 35 c. l'heure pour monter le pont et le démonter 10 fois.	490	»
40 kilogrammes de fer ouvré n° 2, à 1 fr. 40 c. le kilog.	56	»
Montant.	1,657	»

Ce pont de service peut être employé 10 fois, en y faisant chaque fois pour 150 fr. de réparations. La dépense totale s'élève à 3,157 fr., ce qui donne 315 fr. 70 c. pour le bloc.

N° 55.

Sous-détail du béton immergé dans la caisse-sac.

	fr.	c.
450 mètres cubes de pierrailles à 7 fr. 41 c. le mètre.	3,334	50
112^m,50 — de chaux à 14 fr. 46 c. le mètre.	1,626	75
225 — de pouzzolane à 40 fr. le mètre.	9,000	»
7,200 heures de manœuvre à 20 c. l'heure.	1,440	»
160 — de chef d'atelier à 50 c. l'heure.	80	»
Prix du béton immergé.	15,481	25

N° 56.

Sous-détail de la valeur totale du bloc dépouillé de la caisse dans laquelle il a été coulé.

		fr.	c.
Dépense de la caisse pour 1 bloc (Voir le sous-détail n° 51).		3,000	60
Dépense de la mise à flot de la caisse et de son échouage (Voir le sous-détail n° 53).		397	25
Dépense des caisses à boulets (Voir le sous-détail n° 32).		50	15
— du pont de service (— n° 40).		315	70
— du tonneau à mortier (— n° 8).		15	75
— des brouettes . . . . (— n° 10 et 11).		27	»
— d'outils. . . . . . . (— n° 12).		31	50
— de la machine à couler (— n° 38).		86	85
— du béton . . . . . . (— n° 41).		15,481	25
Frais divers.		1,210	50
Montant.		20,616	55

Ce qui met le prix du mètre cube de béton à 45 fr. 81 c., et, en nombre rond, à 46 fr.

FIN DU MÉMOIRE.

APPENDICE.

NOTES

ET OBSERVATIONS ADDITIONNELLES SUR DIVERSES MATIÈRES TRAITÉES DANS LE MÉMOIRE.

<hr>

N° 1.

SUPPLÉMENT DU CHAPITRE PREMIER.

Note sur la reconstruction des quais de la darse, et sur leur pavage en béton préparé à l'instar du lastrico des Italiens.

Les quais de la darse, qui tombaient en ruines, ont été reconstruits à neuf, en même temps que le môle extérieur qui défend le port d'Alger contre les vents du large. La ligne des nouveaux quais a été reportée à 4 mètres en avant de l'ancienne, dans le but d'en augmenter la largeur, insuffisante pour les besoins du commerce. On y a employé, comme au môle, le système de fondation en caisses-sacs remplies de béton immergé dans l'eau. On commençait par draguer dans l'emplacement de chaque caisse, jusqu'à ce que l'on fût arrivé au sol naturel, qui était partout formé d'un banc de roches, de 2 mètres à 2^m,50 au-dessous de l'eau, et, dans l'emplacement ainsi préparé, on échouait une caisse-sac formée de quatre panneaux reliés entre eux au moyen d'équerres en fer et à charnières. Ces caisses se plaçaient à 3 mètres de distance les unes des autres: au bout de quinze jours on détachait les panneaux et la masse de béton qu'ils enveloppaient restait à nu. Cette masse formait un bloc assez fort pour résister isolément à l'action de la lame, sans pouvoir glisser sur le banc de roches qui composaient le fond. Il a été reconnu qu'il était, pour cela, nécessaire de leur donner une épaisseur de 2 à 3 mètres, suivant que l'emplacement dans lequel on les coule est plus ou moins exposé à l'action des vagues du large. Si le mouvement de la vague se fait fortement sentir dans le port, ainsi que cela a lieu pour la darse d'Alger, l'épaisseur doit aller jusqu'à 3 mètres, de telle sorte que, la pesanteur spécifique du béton dans l'eau étant de 1,200 à 1,300 kilogrammes, les blocs présentent, par mètre carré, un poids de 3,500 à 4,000 kilogrammes, sous lequel ils peuvent résister aux plus grosses mers.

Les blocs de béton avaient 10 mètres de longueur; leur face intérieure était élevée de 0^m,30 au-dessus de l'eau, ce qui portait leur hauteur à 2^m,50, en comptant 2^m,20 de profondeur moyenne d'eau. Ils étaient placés à 3 mètres de distance les uns des autres; l'intervalle qu'ils laissaient entre eux était rempli en béton, au moyen de deux panneaux en charpente appliqués sur leur face intérieure ou extérieure ; une toile, formant le fond de l'espace ainsi renfermé, était clouée contre ces deux panneaux et contre la face latérale du bloc. La partie extérieure de chaque caisse, du côté du port, n'était remplie de béton que jusqu'à $0^m,20$ au-dessus de l'eau sur une largeur de 1 mètre, et, sur les 2 mètres restants jusqu'au panneau intérieur, le béton s'élevait à $0^m,50$ au-dessus de l'eau. C'est dans cette partie vide et à l'abri de la cloison extérieure de la caisse, formant batardeau, que l'on posait la première assise du parement vu, qui était en pierre de taille de Bougie. Cette assise, de $0^m,40$ de hauteur, était établie à $0^m,20$ au-dessous de l'eau, de manière à être partagée dans son milieu par la ligne de flottaison : elle était de $0^m,30$ en retraite sur la face extérieure du béton, qui formait ainsi une risberme, en saillie de $0^m,30$ sur le parement du mur du quai ; le couronnement était à 1 mètre au-dessus de l'eau.

Le pavage des quais a été fait à l'instar du *lastrico* des Italiens, en petites pierres plates légèrement ébauchées, placées sur champ avec mortier de chaux, pouzzolane et sable, sur une première aire de béton. Il ne sera peut-être pas sans intérêt d'entrer dans quelques détails sur ce système de pavage des quais, qui n'a pas encore été employé jusqu'ici et qui a, sur le pavage ordinaire en pierres ou en briques, le triple avantage d'être moins coûteux, de former une aire beaucoup plus unie et de n'exiger presque aucun entretien.

Les bancs de carrières où l'on rencontre des couches qui se débitent facilement en pierres plates sont les plus convenables pour ce genre de pavés. Ces pavés sont préparés par les mêmes ouvriers qui cassent la pierraille pour le béton ; ils ont soin de mettre de côté les moellons les plus réguliers qui leur tombent entre les mains ; ensuite ils les débitent avec une massette, de manière à en former de petites plaques, de 10 à 12 centimètres de longueur, d'une largeur qui peut être moindre et de 3 à 4 centimètres d'épaisseur ; ils dressent la face la plus unie, pour former le dessus du pavé, et les côtés, pour que les pavés puissent bien se serrer les uns contre les autres. Un ouvrier peut en faire $0^m,75$ dans un jour de 10 heures de travail.

Avant de mettre le pavé en place, on commence par former, en terre ou en décombres de toute espèce, une aire que l'on tient à 15 centimètres au-dessous du couronnement du quai. Sur cette aire on étend et on dame une couche, de 5 centimètres d'épaisseur, en béton composé d'une partie de mortier très-légèrement hydraulique mélangé avec deux parties de pierraille. On laisse cette première couche durcir pendant deux ou trois jours, et, au moment de la pose, on étend dessus une seconde couche, aussi de 5 centimètres d'épaisseur, en mortier composé de deux parties de chaux éteinte en pâte, mélangée avec deux parties de pouzzolane tamisée et une partie de gros sable de mer. Le poseur tend sur cette couche deux cordeaux, placés à 1 mètre de distance l'un de l'autre et parallèles à l'arête du couronnement. Il prend pour guide un autre cordeau perpendiculaire aux premiers, de manière à placer les pavés par files bien régulières. Il s'applique, en les posant, à les choisir autant que possible d'égale épaisseur, à prendre la face la plus unie pour le dessus et à bien les serrer les uns contre les autres. Quand il en a fait une douzaine de rangées, il les couvre d'une couche de mortier de même nature que celui sur lequel ils ont été placés, en ayant soin de bien remplir les joints et d'enlever l'excédant du mortier avec la truelle, pour que le dessus des pavés reste apparent. Dans une journée de dix heures de travail, un ouvrier peut poser 4 mètres carrés de pavés.

Au bout de deux à trois jours ou un peu plus, suivant le temps, le mortier est assez ferme pour que l'on puisse battre le pavé. Si l'on opérait dans un moment de grande sécheresse, il faudrait avoir soin d'arroser le pavé chaque jour et plusieurs fois par jour. L'ouvrier se tient sur une planche placée dans le sens longitudinal des files et, avec une dame carrée ou ronde, de 0m,25 de largeur, il frappe bien d'aplomb et égalise les pavés qu'il enfonce uniformément jusqu'au niveau du couronnement; il enlève le mortier qui regorge en dessus et passe la truelle pour l'unir autant que possible. Si le mortier n'est ni trop dur ni trop mou, mais au point convenable, un ouvrier peut damer 8 mètres carrés de ce pavé dans une journée de 10 heures de travail.

Sous-détail du prix d'un mètre carré de pavage à la façon du lastrico des Italiens.

	fr.	c.
Un douzième de mètre cube de pavés à 8 fr. 35 c. le mètre cube.	»	69
Un vingtième de mètre cube de béton en mortier légèrement hydraulique, à 22 fr. le mètre cube.	1	10
Un vingtième de mètre cube de mortier de chaux, pouzzolane et sable, à 43 fr. 10 c. l'un.	2	15
Pour la pose, 2 heures 50 minutes, à 20 c. l'heure. . .	»	50
Pour le damage, 1 heure 25 minutes, à 20 c. l'h. . . .	»	25
Total	4	69

Sous-détail du prix total d'un mètre courant de quai neuf.

	fr.	c.
7m,36 de béton immergé dans des caisses-sacs jusqu'à 2m,50 sous l'eau, à 51 fr. 19 l'un (sous détail n° 36).	376	76
0m,60 de béton légèrement hydraulique jeté à sec dans la caisse, à 25 fr. 75 c. l'un.	15	45
1m.04 de maçonnerie de pierre de taille à 162 fr. 55 c. l'un.	169	05
1m,80 — de moellons, à 22 fr. 54 c. l'un.	40	57
10 mètres carrés de pavage à la façon du lastrico, à 4 fr. 69 c. l'un.	46	90
Prix d'un mètre courant de quai neuf. .	648	73

13

NOTE

SUR LES PROJETS PRÉSENTÉS POUR L'AMÉLIORATION ET L'AGRANDISSEMENT DU PORT D'ALGER.

(Chap. II , pag. 11).

De tous les moyens propres à asseoir notre domination et à étendre notre influence dans l'Algérie, il n'en est point de plus puissant que la création d'un port de commerce et de guerre à Alger, centre de nos établissements. Dans quelque système que l'on se place, au point de vue de l'occupation restreinte comme à celui de la domination étendue, soit qu'on envisage le présent ou qu'on porte ses regards vers l'avenir, on ne saurait trouver aucune dépense dont l'utilité soit aussi manifeste et qui puisse contribuer autant à développer les résultats d'une conquête dont l'importance est surtout maritime.

Le littoral de l'Afrique, dans le bassin de la Méditerranée, est toujours, comme déjà Salluste le disait de son temps, *mare sævum*, *importuosum*. Sur une étendue de plus de mille lieues, cette côte ne présente en effet aucune rade bien fermée. Celles de Mers-el-Kébir, de Bougie et de Stora, qui sont les meilleures de la régence, ne peuvent cependant constituer un port proprement dit; et pour en avoir un, il faut de toute nécessité le créer artificiellement, au moyen d'ouvrages avancés à la mer. C'est aussi ce qu'ont senti les Turcs; et en 1530, Khaïr-Eddin, frère de Barberousse, fit commencer, à l'extrémité ouest d'une baie foraine, ouverte à tous les vents du large, les travaux qui depuis ont fondé le port d'Alger. A l'époque de l'occupation française, en 1830, ce port était dans un état de délabrement complet et menacé d'une ruine prochaine. Le môle qui l'abrite des vents de la région du nord et de l'est était ouvert de toutes parts, et devait finir bientôt par être emporté dans le port qu'il eût entièrement comblé.

Les grands travaux qui ont été exécutés pendant sept campagnes consécutives, de 1833 à 1840, ont eu pour résultat la construction d'un nouveau môle placé en avant de l'ancien, dans une direction beaucoup moins attaquable à la lame, et avec une solidité qui le met désormais à l'abri des plus grosses mers. On a pu ainsi, dans l'espace de sept années et avec une dépense de deux millions seulement, au moyen d'un nouveau système de fondation à la mer en blocs de béton, donner une solidité inébranlable à un ouvrage auquel les Turcs travaillaient depuis deux siècles, sans avoir pu jamais parvenir à rien y fonder de durable.

Une fois que la conservation de la petite darse d'Alger fut assurée, on dut songer à lui donner à la fois plus d'étendue et de sécurité, de manière à en faire un port de guerre propre à recevoir des bâtiments de haut-bord.

Plusieurs projets conçus dans ce but furent successivement présentés par des officiers de marine et par des ingénieurs. L'un d'eux consistait à former, au moyen d'un môle demi-circulaire, une nouvelle darse dans le havre situé à l'ouest de celle qui existe actuellement et à pratiquer, pour y parvenir, une passe au travers de la jetée Khaïr-Eddin. Cette disposition essentiellement vicieuse n'eût donné qu'un port sans fonds suffisants pour les vaisseaux de guerre et rempli d'écueils; elle eût en outre entraîné la destruction des beaux magasins élevés sur la jetée de Khaïr-Eddin. Elle fut combattue par l'ingénieur de la localité, qui s'attacha à démontrer que c'était vers l'est qu'il fallait songer à agrandir le port, sans rien changer à celui qui existait déjà.

Dès qu'une fois ce point fut mis hors de toute discussion, le gouvernement décida que l'ancien môle serait prolongé dans l'est, au moyen d'une jetée derrière laquelle des bâtiments pourraient successivement venir s'abriter au fur et à mesure de sa construction. Les chambres accordèrent des crédits extraordinaires pour cet objet spécial. Une grande partie des fonds mis à la disposition de l'ingénieur, pendant les campagnes de 1838, 39 et 40, ont été employés, indépendamment des travaux de prolongement du môle, à construire les magasins nécessaires pour les approvisionnements de matériaux, à confectionner les outils et les machines de toute espèce, et à établir des chantiers sur lesquels les blocs de béton sont fabriqués. Aujourd'hui tout est préparé pour donner aux travaux une activité aussi grande que le gouvernement pourra le juger nécessaire, et déjà la jetée est avancée en mer de près de 100 mètres; l'étendue et la sécurité du port sont plus que doublées. Dans son état primitif il ne présentait qu'une petite darse de 3 hectares environ de superficie, pouvant contenir 60 petits bâtiments, de 3 à 400 tonneaux. Le port n'était pas tenable pendant les gros temps de la mauvaise saison, comme l'ont trop malheureusement démontré les désastres occasionnés par la mémorable tempête du 11 février 1835, tandis que dans tout le cours de l'hiver dernier la darse a été constamment pleine, sans qu'il y ait eu la moindre avarie parmi la grande quantité de navires qu'y avaient amenés les préparatifs de l'expédition dirigée contre Abd-el-Kader.

L'idée fondamentale du projet présenté par l'ingénieur chargé des travaux du port d'Alger consiste à pousser au large, en prolongement de l'ancien môle, une jetée de 5 à 600 mètres de longueur au moins. Il avait d'abord donné à cette jetée la direction AB, établie suivant le sud $\frac{1}{4}$ sud-ouest, sur une longueur de 570 mètres, par des fonds qui varient de 10 à 15 mètres; et la jetée venait se rattacher à un banc de roches B sur lequel son musoir eût été fondé. Ensuite sur l'avis de l'un de nos plus habiles ingénieurs, M. Bernard, inspecteur des travaux maritimes, avis appuyé de l'autorité de plusieurs officiers supérieurs de la marine royale, l'auteur du projet avait adopté la direction AB', qui est de 24° 45' plus ouverte à l'est que la première, et la même que l'on suit depuis le 1er mai 1840, conformément à une délibération du conseil général des ponts et chaussées. Cette direction a l'inconvénient d'être plus attaquable à la lame que la première et de ne pas placer le musoir de la jetée sur un banc de roches qui en assure la solidité. Mais quelque grave que soit cette considération, il n'y a pas lieu de s'y arrêter du moment où la marine s'accorde à reconnaître dans l'orientation BB' de la passe une disposition plus avantageuse que dans celle BD. L'art fournira des moyens assurés de surmonter les difficultés d'une construction établie dans des conditions moins favorables.

Quand la jetée en prolongement de l'ancien môle serait terminée, et que l'on serait bien fixé sur les résultats qu'elle aurait produits, on s'occuperait, si l'on reconnaissait qu'elle fût utile, de la construction d'une seconde jetée, elle partirait du pied de l'escarpe Babazoun en venant, si l'on eût suivi la direction primitive AB de la jetée, se rattacher à la roche Al-Gefna, et elle irait se terminer en B', si l'on conservait définitivement la nouvelle direction AB' que l'on suit maintenant. Cette seconde jetée aurait pour objet d'empêcher le ressac de la lame dnas le port, en même temps qu'elle en augmenterait l'étendue.

Un autre projet avait été présenté par M. Rang, officier supérieur de la marine royale et savant naturaliste : ce projet, adopté et développé par M. Raffeneau inspecteur divisionnaire des ponts et chaussées, consiste à placer la passe du port beaucoup plus au vent qu'elle ne l'est dans le projet précédent, en arrêtant la jetée qui prolonge l'ancien môle à 160 mètres de distance du musoir, au lieu de la pousser de 5 à 600 mètres au large. Un second môle, composé de trois lignes brisées partirait d'un point du littoral situé entre la porte et le fort de Babazoun, et le musoir de ce môle viendrait, avec l'extrémité de la petite jetée, déterminer une passe de 150 mètres d'ouverture. Enfin un avant-brisant de 600 mètres de longueur et partant du massif de roches sur lequel s'élève la tour du phare, aurait pour but d'établir une rade artificielle en avant de la darse formée comme on vient de l'expliquer.

Le 22 septembre 1840, ces deux projets furent discutés en présence de M. le président du conseil des ministres, assisté de cinq de ses collègues parmi lesquels se trouvaient MM. les ministres de la marine et des travaux publics. Après avoir entendu plusieurs officiers de la marine qui avaient pratiqué longtemps le port d'Alger, entre autres M. le capitaine de vaisseau Bérard, auteur du bel *Atlas nautique de l'Algérie*, MM. les ministres arrêtèrent à l'unanimité que le second projet devait être écarté comme donnant lieu à des dépenses beaucoup trop considérables, pour n'obtenir qu'un port d'une sûreté douteuse et dont l'exécution présenterait de très-grandes difficultés. Il fut décidé que l'on s'en tiendrait au premier projet, en conservant à la jetée la nouvelle direction AB' suivant laquelle on avait travaillé à partir du 1er mai 1840.

NOTE

SUR L'EMPLOI DES TROUPES AUX TRAVAUX PUBLICS DANS L'ALGÉRIE.

Les travaux du môle ont été exécutés avec des condamnés militaires dont le nombre a varié entre 200 à 500, depuis 1833 jusqu'à 1840. Le prix de la journée de chaque homme, versé entre les mains de leur comptable, était d'abord de 25 centimes ; en 1837 il a été élevé à 35 centimes. A cette somme qui allait à la masse des condamnés pour servir à leur nourriture et à leur entretien, il faut ajouter une gratification en argent ou en nature que l'on donnait individuellement, après chaque journée de travail, aux hommes qui l'avaient méritée. Cette gratification variait de 5 à 15 centimes, plus un demi-litre de vin et un quart de kilo de pain, pour les travaux extraordinaires tels que ceux de nuit. Ainsi, tout compris, l'heure de travail des condamnés revenait à un taux moyen de 75 millimes, et par conséquent la journée de 10 heures à 75 centimes ; c'est-à-dire que la journée de travail du condamné était à peu près deux fois et demi, moins chère que celle du manœuvre civile qui coûtait moyennement 1 fr. 85 c. L'emploi des condamnés militaires apportait donc une économie de 250 pour 100 dans la dépense de la main-d'œuvre, et l'économie était même plus grande en réalité, puisqu'on trouvait dans ces condamnés des ouvriers beaucoup plus intelligents et beaucoup plus forts que les ouvriers civils recrutés dans le pays.

Dans les premières années on employait aussi aux travaux du môle des compagnies de discipline, dont la solde était à peu de chose près la même que celle des condamnés militaires ; mais ensuite on trouva préférable de les affecter spécialement aux travaux des routes.

L'Algérie a fourni en faveur de l'emploi de l'armée aux grands travaux publics une expérience décisive et qui ne doit pas être perdue pour la France. C'est au duc de Rovigo que revient le mérite d'avoir su vaincre les résistances qu'il avait d'abord rencontrées, pour l'exécution de cette mesure, parmi les chefs de corps ; et son exemple démontre victorieusement qu'avec des qualités aussi éminentes que les siennes dans le chef auquel serait confiée l'application de la même mesure en France, elle y réussirait infailliblement. Telle est notre conviction personnelle, basée sur une expérience de huit années consécutives pendant lesquelles nous avons fait ouvrir ou rectifier, en grande partie avec des troupes, environ deux cent mille mètres de routes. On ne peut rien conclure de l'échec que l'emploi des troupes a subi dans l'ouverture des routes stratégiques de la Vendée : les renseignements fournis à ce sujet par M. Collignon, dans le premier numéro des Annales de 1840, renseignements auxquels le mérite bien reconnu de cet ingénieur donne de l'autorité, ne prouvent qu'une seule chose, c'est que le soldat était beaucoup trop payé, puisque recevant déjà de l'État un logement, des vêtements et la nourriture, il gagnait encore environ 75 centimes par jour. Ces travaux revenaient ainsi à des prix plus élevés que s'ils eussent été confiés à des entrepreneurs ; or, il est évident que la première de toutes les conditions pour que l'emploi des troupes aux travaux publics puisse avoir des avantages, c'est de présenter une économie notable dans la dépense.

Un des premiers actes de l'administration de M. le maréchal Valée lorsqu'il fut nommé au gouvernement de l'Algérie, fut d'instituer une commission chargée de fixer les prix qu'il convenait d'allouer aux différents corps qui fournissaient des travailleurs. Cette commission était composée du chef de l'état-major général président, de deux colonels d'infanterie, du directeur des fortifications et de l'ingénieur en chef des ponts et chaussées. Nous croyons utile de donner ici l'ordre du jour général qui, d'après les bases posées par la commission, arrêta les prix que l'on a continué depuis lors à allouer dans toute l'Algérie aux troupes employées pour le service du génie militaire et pour celui des ponts et chaussées. Le tarif de ces prix concilie dans de justes proportions ce que l'on doit au bien-être du soldat avec la considération de l'économie à apporter dans les travaux; et il suffit de comparer ce tarif aux prix alloués dans les travaux d'ouverture des routes stratégiques pour comprendre aussitôt combien ces derniers étaient exagérés, et pour se garder de généraliser les mauvais résultats que l'on a obtenus de l'emploi des troupes dans la Vendée.

ARMÉE D'AFRIQUE.

ÉTAT-MAJOR GÉNÉRAL.

ORDRE GÉNÉRAL

N° 23.

Le maréchal de France, gouverneur général de nos possessions françaises dans le nord de l'Afrique, considérant les différences qui existent entre les tarifs qui, à diverses époques, ont été établis pour la fixation de l'indemnité allouée aux travailleurs fournis par les corps d'infanterie de l'armée pour le service du génie militaire et celui des ponts et chaussées, voulant mettre entre ces tarifs plus d'uniformité et établir en même temps un mode de payement propre à assurer aux hommes employés le dédommagement de leur peine et les moyens de pourvoir aux réparations et au remplacement des effets d'habillement si promptement détériorés par ces travaux ; sur l'avis d'une commission nommée à cet effet, arrête le tarif et les dispositions qui suivent, lesquels, à dater du 7 mai prochain, serviront de règle pour le payement des travaux exécutés par les troupes.

Tarif des prix des différents travaux à exécuter par les troupes employées par le service du génie militaire et par celui des ponts et chaussées.

N°ˢ d'ordre.	TRAVAUX A LA TACHE. Prix de l'unité pour chaque espèce de travail.	PRIX.	OBSERVATIONS.
	DÉBLAIS.		
1	Le mètre cube de sable ou terre légère, fouillée à la pelle et jetée dans la brouette.	0 04	Lorsqu'on n'aura pas de brouettes et que la terre sera reprise à la pelle pour être jetée à plus de 4 mètres de l'endroit où se fait la fouille , on payera 4 c. pour chaque longueur de 4 mètres mesurés à peu près horizontalement.
2	Le mètre cube de sable ou de terre légère, fouillée à la pelle et jetée à 2 mètres au moins, ou 4 mètres au plus de distance à peu près horizontale.	0 05	

Nos d'ordre.	TRAVAUX A LA TACHE. Prix de l'unité pour chaque espèce de travail.	PRIX.	OBSERVATIONS.
	DÉBLAIS.		
3	Le mètre cube de sable ou de terre légère fouillée à la pelle et chargée dans un tombereau, ou jetée à 1ᵐ,60 (5 pieds) de hauteur verticale.	0 05	Lorsque la terre devra être reprise à la pelle et jetée à une hauteur de plus de 1ᵐ,60 , on payera 4 c. pour chaque hauteur verticale de 1ᵐ,60.
4	Le mètre cube de terre très-forte et dure , fouillée à la pelle et jetée dans la brouette. . . .	0 05	Les prix portés aux nos 4, 5 et 6 seront augmentés de 1 c. si la terre , au lieu d'être simplement jetée dans la
5	Le mètre cube de terre très-forte et dure, fouillée à la pelle et jetée dans la brouette. . . .	0 07	brouette, est jetée à la pelle, soit dans un tombereau , soit à une hauteur
6	Le mètre cube de terre très-forte, mélangée de pierres ou pierrailles , fouillée à la pelle et jetée dans la brouette.	0 10	verticale de 1ᵐ,60 , soit enfin à une distance horizontale de 2 à 4 mètres. Les prix portés aux nos 7, 8 et 9, se-
7	Le mètre cube de tuf ordinaire, débité à la pioche et jeté dans la brouette.	0 16	ront augmentés de 2 c. si le tuf ou le roc au lieu d'être simplement jeté dans la brouette, est jeté à la pelle ,
8	Le mètre cube de tuf très-dur, extrait à la pointe et avec des coins, et jeté dans la brouette. .	0 20	soit dans un tombereau, soit à une hauteur verticale de 1ᵐ,60 , soit en-
9	Le mètre cube de roc vif, extrait à la mine. .	0 25	fin à une distance horizontale de 2 à 4 mètres.
	DRESSAGE DES TALUS ET RÉGALAGE.		
10	Le mètre carré de dressage de surface de terre après déblai ou remblai.	0 006	Le travail indiqué aux nos 10 et 11 sera généralement mieux exécuté en
11	Le mètre carré de régalage et damage en remblai , avec alignement, pente réglée ou talus.	0 006	payant les ouvriers, non pas à la tâche, mais à la journée.
	TRANSPORT DES TERRES A LA BROUETTE.		
12	Transport à la brouette d'un mètre cube de terre (pour chaque relai de 30 mètres horizontalement ou de 20 mètres en rampe au 12ᵉ).	0 04	
	CASSAGE DE PIERRES , LEUR CHARGEMENT DANS LES BROUETTES ET LEUR TRANSPORT.		
13	Le mètre cube de pierre calcaire, moyennement dure, cassée en morceaux de 0ᵐ,07 au plus de côté.	0 50	
14	Le mètre cube de pierre calcaire , dure , cassée en morceaux de 0ᵐ,05 au plus de côté. . .	0 75	
15	Chargement dans les brouettes d'un mètre cube de pierre calcaire , cassée en morceaux de 0ᵐ,05 à 0ᵐ,07 de côté.	0 05	
16	Transport à la brouette d'un mètre cube de pierre calcaire , cassée en morceaux de 0ᵐ,05 à 0ᵐ,07 de côté, à chaque relai.	0 05	
	TRAVAUX A LA JOURNÉE.		
	Travailleurs ordinaires fournis par l'infanterie.		
17	La journée de 6 heures de travail du soldat. .	0 25	
18	Chaque heure en sus des six.	0 05	
19	La journée de 6 heures pour caporal.	0 30	
20	Chaque heure en sus.	0 05	
21	La journée de 6 heures pour sous-officier. . .	0 40	
22	Chaque heure en sus.	0 07	

N^{os} d'ordre.	TRAVAUX A LA TACHE. Prix de l'unité pour chaque espèce de travail.	PRIX.	OBSERVATIONS.
	DÉBLAIS.		
	TRAVAUX D'ART EXÉCUTÉS PAR LES CORPS D'INFANTERIE OU AUTRES.		
23	La journée de 10 heures de travail pour manœuvre attaché aux ouvriers d'art.	o 40	
24	La journée de 10 heures de travail pour ouvriers d'art, tels que maçons, charpentiers, charrons, etc.	o 5o	
25	La journée de 10 heures pour caporal surveillant.	o 6o	
26	La journée de 10 heures pour sous-officier surveillant.	o 70	
	TRAVAUX EXÉCUTÉS PAR LES DISCIPLINAIRES.		
27	La journée de 8 heures de travail pour un disciplinaire.	o 25	Dans le cas où des disciplinaires seraient employés comme ouvriers d'art, on pourra donner à chacun d'eux une gratification de 10 c. par jour, qui sera remise a l'ouvrier même à la fin de chaque journée.
28	La journée de 8 heures pour caporal.	o 3o	
29	La journée de 8 heures pour sous-officier. . . .	o 40	

Le payement sera effectué à la fin de chaque journée.

Sur la solde de la journée de chaque soldat, caporal et sous-officier, cinq centimes seront prélevés pour être portés à sa masse en compensation de la moins value de ses effets d'habillement et de linge et chaussure. Ces cinq centimes de retenue seront remis au commandant du détachement, responsable à cet égard envers le chef de corps. Le décompte du surplus sera fait à chaque travailleur.

MM. les officiers généraux, les chefs de corps, les chefs de l'artillerie, du génie et du service des ponts et chaussées, sont responsables, chacun en ce qui le concerne, de l'exécution des dispositions du présent ordre.

Au quartier général, à Alger, le 5 mai 1838.

Le maréchal de France, gouverneur général des possessions françaises dans le nord de l'Algérie,

Signé, comte VALÉE.

Pour copie conforme :
Le maréchal de camp, chef de l'état major général,

AUVRAY.

14

ADDITION A LA NOTE DU CHAPITRE III, PAGE 16.

M. Aimé a entrepris sur le mouvement des vagues une série d'observations qu'il poursuit avec une louable persévérance. Bien qu'elles ne soient pas encore tout à fait complètes, cependant il en a déjà déduit plusieurs résultats qu'il a bien voulu nous communiquer et dont nous allons donner ici l'énoncé succinct.

Marées du port d'Alger. — Après avoir observé dans le port d'Alger, pendant deux années consécutives, les hauteurs de la mer et celles du baromètre, au même moment et à des hauteurs déterminées, M. Aimé a reconnu que la mer monte quand le baromètre baisse et réciproquement, de sorte que les variations observées pour les niveaux de la mer sont à peu de chose près égales à celles observées pour le baromètre, mais de signes contraires.

Les marées barométriques ne sont pas les seules causes des changements de niveau de la mer ; les marées lunaires ont aussi sur ce phénomène une influence très-faible à la vérité, puisque les plus fortes ne dépassent pas le niveau moyen de trois à quatre centimètres. L'heure de la pleine mer paraît arriver six heures après le passage de la lune au méridien, à l'époque des syzygies. Enfin les vents et les courants contribuent aussi à l'élévation ou à l'abaissement des eaux dans le port. Un fort coup de vent du large qui dure cinq à six heures, peut produire une élévation de dix à douze centimètres.

Mouvement des vagues dans la rade d'Alger. — Quand la mer a une agitation moyenne, c'est-à-dire quand la hauteur verticale de la lame comptée depuis le creux jusqu'au sommet est de 1^m,30 à 1^m,80, le mouvement des molécules d'eau est très-appréciable à une profondeur de 12 à 15 mètres.

Par les plus grosses mers l'agitation dans la rade ne cesse d'être appréciable qu'à une profondeur de 40 mètres.

Le mouvement des molécules d'eau au fond de la mer est oscillatoire : chaque molécule oscille dans un plan perpendiculaire à la lame ; elle va au-devant de la lame qui arrive, et dès que le sommet de la lame se trouve dans un même plan avec cette molécule, celle-ci rétrograde et marche dans le sens de la lame ; puis le mouvement de la molécule se ralentit et change de signe pour aller au-devant d'une autre lame. Ainsi le temps d'oscillation d'une molécule d'eau est égal à celui qui s'écoule entre les passages successifs de deux lames consécutives par un même point.

L'amplitude de l'oscillation horizontale de la molécule est quelquefois d'un mètre ; elle est généralement moindre.

Cette amplitude change peu de valeur depuis la surface jusqu'au fond, quand l'agitation du fond est forte.

Indépendamment de l'oscillation horizontale, la molécule d'eau a encore une oscillation verticale.

La plus grande valeur de cette oscillation a lieu à la surface de l'eau, elle décroît rapidement et devient presque insensible au fond de la mer.

Ainsi on peut représenter avec assez de vérité les courbes décrites par les différentes molécules situées sur une même verticale, par des ellipses ayant à peu près même axe horizontal et des axes verticaux qui diminuent de grandeur depuis la surface jusqu'au fond.

On voit que ces résultats se rapprochent de la théorie de M. le colonel Émy sur le mouvement orbiculaire des molécules d'eau. L'auteur de ces expériences se sert d'un appareil très-ingénieux, disposé de telle manière qu'il puisse flotter dans la mer à différentes profondeurs, et que les mouvements qu'il y peut prendre soient indépendants de ceux qui ont lieu à la surface de l'eau. On en trouvera la description détaillée dans les mémoires que M. Aimé a adressés à l'Institut, et dont l'Académie a rendu un compte très-favorable.

TABLEAUX A L'APPUI DU CHAPITRE V.

Expériences faites sur la pouzzolane naturelle d'Italie et sur une pouzzolane factice, dans le but de constater l'accroissement d'énergie qui résulte pour ces substances d'un plus grand degré de ténuité dans leurs parties.

Déchet que le tamisage fait éprouver à la pouzzolane d'Italie, suivant la grosseur du blutoir ou tamis à travers lequel elle a été passée.

Tableau n° 1.

DÉSIGNATION DE LA POUZZOLANE, d'après la grosseur du tamis à travers lequel elle a été passée.	Quantité qui a passé à travers le tamis sur 20 mètres cubes de matières.	
N° 1. Pouzzolane passée dans un blutoir en tôle, dont les ouvertures sont de $0^m,02$ de longueur sur $0^m,02$ de largeur. . . . . La pouzzolane, après le tamisage, a foisonné de $0^m,50$.	$10^m,00$	$10^m,50$
N° 2. Pouzzolane passée dans un tamis métallique, de 136 mailles par centimètre carré. . . . . Le foisonnement a été de $0^m,30$.	$6^m,25$	$14^m,55$
N° 3. Pouzzolane passée dans un tamis de soie, de 1,089 mailles par centimètre carré. . . . . Le foisonnement a été de $0^m,20$. Il a donc en tout été de 1 mètre dans les trois opérations.	$3^m,62$	$17^m,30$

Tableau n° 2.

Influence du degré de ténuité de la pouzzolane sur la vitesse de la prise des mortiers.

Degré de ténuité de la pouzzolane.	Quantité de		Temps après lequel la tige d'épreuve de M. Vicat, ne laisse aucune trace.
	pouzzolane.	chaux.	
Pouzzolane brute..............	2	1	8 jours.
N° 1..............	2	1	5 »
N° 2..............	2	1	4 »
N° 3.............	2	1	3 »
Résidu laissé par la pouzzolane n° 1.....	2	1	indéfini.
Idem n° 2.....	2	1	Idem.
Idem n° 3.....	2	1	9 »

Tableau n° 3.

Pouzzolanes de divers degrés de ténuité, comparées relativement au degré d'énergie qu'elles conservent lorsqu'on les mélange avec du sable dans différentes proportions.

Degré de ténuité de la pouzzolane.	Quantité de			Temps après lequel la tige d'épreuve de M. Vicat ne laisse aucune trace.
	pouzzolane.	chaux.	sable.	
Pouzzolane brute........	1	1 »	1 »	30 jours.
N° 1........	1	1 »	1 »	10 »
N° 2........	1	1 »	1 »	7 »
	1	1 25	1 50	8 »
	1	1 50	2 »	8 »
N° 3........	1	1 »	1 »	6 »
	1	1 50	2 »	6 »
	1	2 »	3 »	8 »
	1	2 50	4 »	10 »

Tableau n° 4.

Comparaison des degrés d'énergie de diverses pouzzolanes naturelles, passées à travers des tamis de différentes grosseurs.

Origine et degré de ténuité de la pouzzolane.	Quantité de			Effet produit par la tige d'épreuve de M. Vicat.
	pouzzolane.	chaux.	sable.	
Pouzzolane de Rome, n° 1. . . .	2	1	»	Après 6 jours, dépression nulle.
— blanche de Naples, n° 1. .	2	1	»	Après 6 jours, 0^m,000 de dépr.
— noire de Naples, n° 1. . . .	2	1	»	Après 6 jours, 0^m,006 de dépr.
— — de Rome, n° 2. . . .	2	1	»	Après 4 jours, dépress. nulle.
— blanche de Naples, n° 2. .	2	1	»	Après 6 jours, 0^m,006 de dépr.
— noire de Naples, n° 2. . . .	2	1	»	Après 9 jours, 0^m,006 de dépr.

Tableau n° 5.

POUZZOLANE ARTIFICIELLE OU CIMENT BRUYÈRE.

Vitesse de la prise des mortiers confectionnés avec cette pouzzolane tamisée à divers degrés de ténuité.

Degré de ténuité de la pouzzolane.	Quantité de		Temps après lequel la tige d'épreuve de M. Vicat n'a laissé aucune trace.
	pouzzolane.	chaux.	
Pouzzolane, n° 1.	2	1	4 jours.
— n° 2.	2	1	3 »
— n° 3.	2	1	1 »

Tableau n° 6.

Pouzzolanes artificielles de divers degrés de ténuité, comparées relativement au degré d'énergie qu'elles conservent lorsqu'on les mélange avec du sable dans différentes proportions.

Degré de ténuité de la pouzzolane.	Quantité de			Temps après lequel la tige d'épreuve de M. Vicat n'a laissé aucune trace.
	pouzzolane.	chaux.	sable.	
Pouzzolane, n° 1.	1	1 »	1	4,50 jours.
— n° 2	1	1 50	2	4,50 »
— n° 3.	1	1 50	2	3,50 »
	1	1 75	3	4,50 »
	1	2	4	6,00 »
	1	3	5	20,00 »
	1	3 50	6	20,00 »

FIN DE L'APPENDICE.

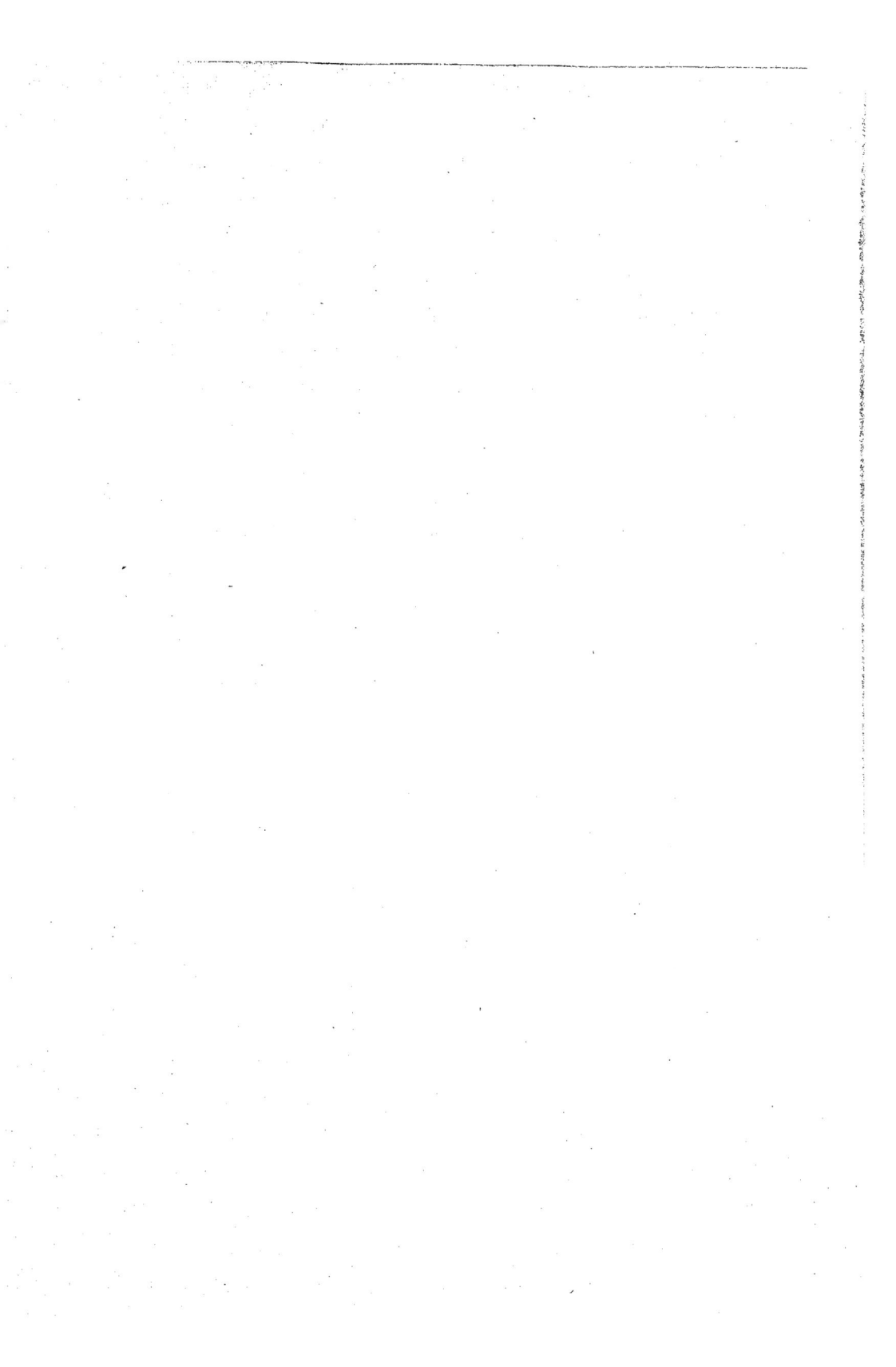

DESCRIPTION DES PLANCHES.

PLANCHE I.

PLAN GÉNÉRAL DES TRAVAUX EXÉCUTÉS DANS LA DARSE ET AU MÔLE D'ALGER, ET DES OUVRAGES PROJETÉS POUR Y CRÉER UN PORT DE GUERRE.

Fig. 1.

B.   Banc de roches sur le point culminant duquel il y a six mètres d'eau.
AB.   Direction proposée primitivement par l'ingénieur auteur du projet.
AB'.   Direction formant avec la première AB un angle de 24° 45′ dans l'est. Cette modification au plan primitif a été proposée par M. Bernard, inspecteur des travaux maritimes.

Fig. 2.

AB.   Jetée Khair-ed-Din.
CDE.   Couronnement de l'ancien môle.
FG.   Môle après sa construction.
hi.   Ligne des anciens quais de la darse.
klmnop.   Nouveaux quais de la darse.
QR.   Ateliers de charpente, forges, etc., pour les travaux hydrauliques du port.
ST.   Magasins de pouzzolane, bois, fers, etc., établis en 1839 et 1840 dans les voûtes sur lesquelles a été élevée la grande mosquée de la rue de la Marine.
U.   Chantiers des blocs qui s'immergent par terre.
V.   Partie du nouveau môle déjà construite.
Vx.   Nouvelle direction donnée au môle, conformément à la délibération du conseil général des ponts et chaussées.

15

yz. Chantier du nouveau quai de la Pêcherie, pour la fabrication des blocs qui s'immergent par eau.

PLANCHE II.

PLANCHE III.

BLUTOIR DOUBLE POUR LA POUZZOLANE NATURELLE.

Fig. 1. Élévation longitudinale.

A.	Caisse enveloppant le blutoir.
B.	Entonnoir dans lequel on verse la pouzzolane pour l'introduire dans le blutoir.
C.	Montant du bâti de la caisse.
D.	Consoles reliant le châssis de la caisse.
E.	Tambour du blutoir en toile métallique fine.
F.	Manivelle.
G.	Fond de la caisse qui reçoit la pouzzolane blutée.
H.	Arbre du blutoir.

Fig. 2. Coupe en long.

A.	Bâti.
B.	Arbre.

C.   Manivelle.

D.   Entonnoir.

E.   Tambour extérieur en toile métallique, pour bluter la pouzzolane qui a déjà
          passé par le tambour intérieur en tôle.

F.   Tambour intérieur, dans lequel on jette la pouzzolane brute qui contient des par-
          ties très-grossières, dont le volume va jusqu'à la grosseur d'un œuf.

G.   Fond de la caisse.

h.   Croisillons des tambours.

i.   Cercles qui maintiennent la toile métallique.

j.   Cloisons en demi cercle.

Fig. 3. *Plan.*

A.   Cadre.

B.   Entonnoir.

C.   Arbre.

D.   Manivelle.

E.   Tambour extérieur.

F.   Fond.

Fig. 4. *Élévation latérale.*

A.   Caisse.

B.   Châssis.

C.   Dessus de la caisse s'ouvrant à volonté.

D.   Entonnoir.

E.   Coussinet dans lequel tourne l'axe.

F.   Axe du blutoir.

G.   Fond de la caisse.

Fig. 5. *Autre élévation latérale.*

A.   Châssis.

B.   Traverse mobile sur laquelle pose l'arbre du blutoir et qui permet de lui donner
          plus ou moins d'inclinaison.

C.   Croisillons en fer fixant les cercles du tambour.

D.   Tambour intérieur, en tôle percée au poinçon.

E   Tambour extérieur, en toile métallique fine.

F.   Manivelle.

G.   Fond du blutoir.

h.   Cloison en demi-cercle empêchant le mélange du résidu avec la pouzzolane.

i.   Cercle à rebord qui maintient la pouzzolane brute dans le tambour.

j.   Écrous servant à fixer la traverse mobile.

TONNEAU A MORTIER.

Fig. 6. *Élévation.*

A.   Douves.

B.   Arbre vertical.

C.   Cercles.
D.   Porte à coulisse pour laisser échapper le mortier.
E.   Levier à bascule pour ouvrir la porte.
f.   Petites portes pour faciliter le nettoiement du tonneau.
G.   Pitons à vis assujettissant les croisillons au tonneau.
H.   Manivelle.

Fig. 7. *Coupe du tonneau.*

A.   Douves.
B.   Arbre vertical.
C.   Traverse à collier pour maintenir l'arbre.
D.   Mamelon servant de crapaudine.
E.   Croisillons fixes.
F.   Croisillons mobiles.
g.   Pitons assujettissant les croisillons fixes.
h.   Dents des croisillons.
i.   Cercles en fer.

Fig. 8. *Tonneau à mortier vu en dessus.*

A.   Douves.
B.   Arbre vertical.
C.   Traverse à collier.
D.   Cercle en fer.
E.   Croisillons fixes.
F.   Croisillons mobiles.
G.   Pitons maintenant les croisillons fixes.
h.   Manivelle.

Fig. 9. *Coupe par un plan horizontal passant par le premier croisillon fixe.*

A.   Douves.
B.   Arbre vertical.
C.   Cercles.
D.   Dents des croisillons fixes.
E.   Croisillons.
f.   Pitons.

Fig. 10. *Dent de croisillon.*
— 11. *Écrou de la dent.*
— 12. *Dent assemblée sur le croisillon.*
— 13. *Collier qui maintient l'arbre verticalement*

PLANCHE IV.

CHANTIER DES BLOCS QUI S'IMMERGENT PAR TERRE.

Fig. 1 et 2. *Plan et perspective.*

A.B.	Magasins de pouzzolane.
C.	Cuves à eau.
D.	Bassin dans lequel on coule la chaux éteinte.
E.	Tonneau à mortier.
F.	Dépôt de pierraille et de sable.
G.	Bloc en confection.
h.	Blocs fabriqués.
I.	Machine à soulever les blocs.
j.	Bloc sur le chariot à rails.
K.	Cabestan.
L.	Bloc sur le chemin.
m.	Chemin tournant.
n.	Bloc au moment de l'immersion.
O.	Dépôt de libages et de moellons pour araser le dessus des blocs de béton et établir les chemins de fer mobiles sur l'aire ainsi formée.
P.	Chemin fixe en contre-bas, avec le chariot à rails posé sur ce chemin.
q.	Chemin de fer fixe.
R.	Blocs immergés.
S.	Hangar.
T.	Cadres de chemin de fer mobile.

PLANCHE V.

CAISSE-MOULE.

Fig. 1. *Élévation latérale.*

A.	Sablière supérieure qui est mobile.
B.	Poteau d'angle.
C.	Montants.
D.	Doublage en planches de sapin.

E.   Sablière inférieure dans laquelle les montants sont assemblés.
F.   Coins serrant l'assemblage.

Fig. 2. *Élévation longitudinale.*

A.   Sablière supérieure.
B.   Poteaux d'angle.
C.   Montants.
D.   Doublage en planches de sapin.
E.   Sablière inférieure.
F.   Coins.

Fig. 3. *Plan.*

A.   Sablières supérieures des grands panneaux.
B.   —   mobiles des petits panneaux.
C.   Doublage en planches de sapin.
D.   Coins.

Fig. 4. *Élévation d'un petit panneau démonté.*

A.   Sablière supérieure s'assemblant avec les montants et avec les poteaux d'angle.
B.   Mortaises.
C.   Montants à tenons.
D.   Sablière inférieure.
E.   Doublage en planche.
F.   Entailles à mi-bois pour assembler les sablières.

Fig. 5. *Elévation du grand panneau.*

A.   Sablière supérieure.
B.   —   inférieure.
C.   Poteaux d'angle.
D.   Montants.
E.   Doublage.
F.   Entailles pour assembler les sablières.

Fig. 6. *Plan d'un grand panneau.*

A.   Sablière supérieure dans laquelle les poteaux et les montants viennent s'assembler
B.   Poteaux d'angle.
C.   Doublage
D.   Mortaises dans lesquelles entrent les tenons des poteaux.
E.   Entailles.

CAISSE-MOULE AVEC PENTURES A CHARNIÈRE.

Fig 7. *Coupe en travers.*

A.   Sablières.
B.   Poteaux d'angle coupés d'onglet et dans lesquels les sablières viennent s'assembler.
C.   Montants contre lesquels se cloue le doublage.
D.   Doublage en planches de sapin.
E.   Pentures à charnière.
F.   Goupilles des charnières.
g.   Entailles ménagées dans la sablière inférieure pour y loger les rails du chemin
       de fer.

Fig. 8. *Coupe en long.*

A.   Sablières.
B.   Poteaux d'angle.
C.   Montants.
D.   Doublage.
E.   Pentures à charnière.
F.   Goupilles.

Fig. 9. *Plan.*

A.   Sablières.
B.   Poteaux d'angle.
C.   Pentures à charnière.
D.   Doublage.

Fig. 10. *Détails d'un panneau.*

A.   Sablière.
B.   Poteau d'angle.
C.   Montant.
D.   Doublage.
E.   Pentures à charnière.
F.   Goupille.

Fig. 11. *Plan du panneau.*

A.   Sablière.
B.   Poteau d'angle.
C.   Penture.
D.   Planche en sapin servant de doublage.

DESCRIPTION DES PLANCHES.

PLANCHE VI.

APPAREILS A VIS POUR SOULEVER LES BLOCS, ETC

Verrin.

Fig. 1. *Elévation longitudinale et coupe en travers d'un verrin.*

A.   Semelle du verrin.
B.   Montants à rainures servant de coulisses aux guides du verrin.
C.   Traverse à queue d'aronde reliant les montants.
D.   Chapeau dans lequel les montants viennent s'asssembler.
E.   Roue à bras au centre de laquelle est encastré l'écrou du verrin.
F.   Ecrou hexagone en bronze.
g.   Vis.
h.   Guide servant à maintenir le verrin dans la position verticale.
i.   Maillon à clavette attaché à la tête du verrin.
j.   Anneau placé entre deux maillons à clavette formant brisure.
K.   Maillon à clavette dans lequel on attache la chaîne passant sous le bloc.
L.   Bloc.
m.   Chariot placé sous le bloc.
n.   Chemin de fer.
o.   Coupe d'un verrin.

Fig. 2. *Plan.*

A.   Bloc.
B   Chemin de fer.
C.   Roues à bras.
D.   Chapeaux des verrins.
E.   Plaques en fer coupées sur le même gabarit que les écrous.
F.   Écrous.
g.   Verrins.

Appareil à vis assemblées.

Fig. 3. *Coupe en long.*

A.   Semelle.
B.   Montants avec rainures dans lesquelles marche le guide de la vis.
C.   Croix de Saint-André arc-boutant le système.
D.   Liens extérieurs.
E.   Arcs-boutants soutenant la balustrade.

F.   Consoles.
g.   Sablières de la balustrade.
h.   Plancher sur lequel on fait la manœuvre.
i.   Balustrade.
j.   Chapeau de la machine.
K.   Roues à bras au centre desquelles sont encastrés les écrous.
L.   Vis.
m.   Maillon.
n.   Chaînes passant sous le bloc.
O.   Équerres à organeaux pour faire marcher la machine.
P.   Roulettes en fonte.
Q.   Cales pour soulever les roulettes pendant l'opération du levage.
R.   Bloc soulevé.

Fig. 4. *Plan de l'appareil.*

a.   Bloc.
b.   Chapeau.
c.   Plancher.
d.   Balustrade.
e.   Roues à bras.
f.   Écrous encastrés dans les roues.

Fig. 5. *Coupe en travers de l'appareil.*

a.   Bloc.
B.   Montant.
c.   Liens qui maintiennent le plancher.
d.   Plancher de la balustrade.
e.   Chapeau.
f.   Balustrade.
g.   Vis.
h.   Roues à bras.
i.   Équerres à organeaux.
j.   Roulettes en fonte.
k.   Chaîne.
l.   Rails en fer.

PLANCHE VII.

CHARIOT ORDINAIRE. — CHARIOT A RAILS. — PLAQUE TOURNANTE.

CHARIOT ORDINAIRE.

Fig. 1. *Plan du dessus.*

A. Organeau servant d'attache pour la corde du cabestan avec lequel on fait
    avancer le chariot.
B. Bâti.
C. Rainures pratiquées dans le bâti pour y loger une amarre.
D. Bandes de fer formant coulisses.
E. Organeaux de côté servant d'attaches pour diverses manœuvres.

Fig. 2. *Élévation latérale.*

A. Bâti.
B. Bandes de fer formant coulisses.
C. Organeau.
D. Équerres dans lesquelles sont scellés les organeaux de côté.
E. Roues à rebords.
F. Colliers qui maintiennent les essieux.

Fig. 3. *Élévation longitudinale.*

A. Bâti.
B. Équerres pour les organeaux de côté.
C. Coulisses.
D. Essieux.
E. Colliers.
F. Roues en fonte.

Fig. 4. *Plan du dessous.*

A. Organeaux.
B. Bâti.
C. Bandes de fer formant coulisses.
D. Organeau.
E. Colliers qui maintiennent le centre des essieux.
F. Essieux.

g.	Roues en fonte à rebords.
h.	Colliers pour maintenir les bouts des essieux.

Fig. 5. *Coupe en long.*

A.	Châssis.
B.	Coulisses en fer.
C.	Organeaux.
D.	Essieux.
E.	Roues.
F.	Colliers.
g.	Équerres.

Fig. 6. *Coupe en travers.*

A.	Bâti.
B.	Organeaux.
C.	Coulisses.
D.	Essieux.
E.	Collier.
F.	Roues en fonte.

CHARIOT A RAILS.

Fig. 7. *Plan du dessus.*

A.	Rails en fer ayant le même écartement que la voie des chemins de fer du chantier.
B.	Mentonnets formant arrêt, au-dessus desquels on place une barre de fer pour arrêter le chariot ordinaire.
C.	Cadre du chariot.
D.	Organeaux.

Fig. 8. *Élévation longitudinale.*

A.	Cadre.
B.	Rails en fer.
C.	Mentonnets.
D.	Barre de fer placée contre le mentonnet.
E.	Essieux.
F.	Roues.
g.	Colliers.

Fig. 9. *Élévation latérale.*

A.	Cadre.
B.	Rails.
C.	Mentonnets.
D.	Barres mises en travers.
E.	Organeaux.
F.	Roues.
g.	Colliers.

DESCRIPTION DES PLANCHES.

Fig. 10. *Plan du dessous.*

A.	Cadre.
B.	Essieux.
C.	Colliers.
D.	Roues.
E.	Organeaux.

Fig. 11. *Coupe en long.*

A.	Bâti.
B.	Rails.
C.	Essieux.
D.	Mentonnets.
E.	Colliers.
F.	Roues.

Fig. 12. *Coupe en travers.*

A.	Cadre.
B.	Rails.
C.	Mentonnets.
D.	Organeaux.
E.	Essieux.
F.	Roues.
g.	Colliers.

SYSTÈME DE PLAQUE TOURNANTE, QUI EST ÉTABLIE A L'EXTRÉMITÉ DE LA JETÉE EN CONSTRUCTION
ET PAR LAQUELLE TOUS LES BLOCS VIENNENT PASSER POUR S'IMMERGER.

Fig. 13. *Plan du système.*

A.	Chemin de fer.
B.	Plate-forme circulaire.
C.	Cadre portant les rails et qui tourne sur la plate-forme.
D.	Chemin de fer mobile placé suivant la direction dans laquelle on veut immerger le bloc.

Fig. 14. *Élévation de la plate-forme circulaire sur laquelle tourne le cadre qui porte les rails.*

A.	Plate-forme circulaire.
B.	Pivot en fonte.

Fig. 15. *Plan de la plate-forme.*

A.	Jantes.
B.	Assemblage.
C.	Cercle en fer encastré dans la plate-forme.
D.	Pivot.

Fig. 16. *Élévation du cadre tournant sur la plate-forme.*

A.   Cadre.
B.   Rails.
C.   Mentonnets qui maintiennent la barre d'arrêt.

Fig. 17. *Plan du cadre.*

A.   Cadre.
B.   Bandes de fer plates sur lesquelles les rails sont placés.
C.   Rails.
D.   Mentonnets.
E.   Ouverture dans laquelle entre le pivot.

Fig. 18. *Élévation de la plate-forme circulaire avec le cadre mobile.*

A.   Plate-forme circulaire.
B.   Cadre mobile.
C.   Rails.
D.   Pivot.
E.   Mentonnets.
F.   Barres de fer formant arrêt.

Fig. 19. *Plan du pivot.*

Fig. 20. *Élévation.*

Fig. 21 et 22. *Élévations de deux parties de chemin de fer qui viennent s'adapter au cadre mobile.*

PLANCHE VIII.

CHARIOT A PLAQUE TOURNANTE A FROTTEMENT GRAS. — CHEMIN DE FER MOBILE. — BLOC A NU. — BLOC PRÉPARÉ SUR BERGE. — COULOIR A BÉTON. — BROUETTE A MORTIER.

Fig. 1. *Élévation du chariot.*

A   Bandes de fer à équerre placées de champ et formant rebord sur la plaque tournante.

B.   Organeaux scellés dans les bandes.
C.   Partie inférieure et fixe du chariot.
D.   Équerres consolidant le chariot et dans lesquelles sont scellés des organeaux.
E.   Essieux.
F.   Collier pour maintenir les essieux.
g.   Roues en fonte à rebord.

Fig. 2. *Coupe en travers du chariot.*

A.   Bandes de fer formant rebord sur la plaque.
B.   Pivot en fer autour duquel tourne la plaque.
C.   Dessus du chariot.
D.   Partie inférieure et fixe du chariot.
E.   Essieux.
F.   Colliers.
g.   Roues en fonte à rebord.
h.   Organeaux.

PARTIE INFÉRIEURE ET FIXE DU CHARIOT.

Fig. 3. *Élévation.*

A.   Pivot.
B.   Équerres à organeaux.
C.   Cadre du chariot.
D.   Roues en fonte à rebord.
E.   Colliers pour maintenir les essieux.

Fig. 4. *Coupé.*

A.   Coupe du pivot.
B.   — du cadre.
C.   Essieux.
D.   Colliers.
E.   Roues.

Fig. 5. *Plan pris en dessus.*

A.   Cadre.
B.   Bandes de fer circulaires sur lesquelles frotte le cercle de la plaque supérieure en tournant.
C.   Équerres en fer dans lesquelles sont scellés les organeaux.
D.   Cordage pour tirer le chariot.
E.   Pivot.

Fig. 6. *Plan pris en dessous.*

A.	Cadre.
B.	Dessous du pivot.
C.	Essieux.
D.	Colliers pour maintenir le milieu de chaque essieu.
E.	— pour maintenir les bouts d'essieux.
F.	Roues à rebord.
g.	Équerres.
h.	Cordages.

PLAQUE TOURNANTE.

Fig. 7. *Élévation.*

A.	Cadre.
B.	Rebord formant équerre.

Fig. 8. *Coupe en travers.*

A.	Cadre.
B.	Rebords.
C.	Ouverture par laquelle passe le pivot.

Fig. 9. *Plan pris en dessous.*

A.	Cadre.
B.	Cercle en fer, tournant sur les bandes circulaires de la partie inférieure.
C.	Bandes en fer formant rebord.
D.	Ouverture pour le pivot.

Fig. 10. *Plan pris en dessus.*

A.	Cadre.
B.	Bandes de fer.
C.	Trou dans lequel entre le pivot.

BLOCS MIS A NU.

Fig. 11. *Plan.*

— 12. *Coupe en long.*

— 13. *Coupe en travers.*

CHEMIN DE FER MOBILE.

Fig. 14. *Plan du chemin.*

A.	Longrines en chêne.

B.   Rails.
C.   Plaques en fer encastrées dans la longrine pour empêcher l'incrustation des rails.
D.   Frettes en fer pour conserver le bout des longrines.
E.   Traverses pour maintenir les longrines.

Fig. 15. *Élévation longitudinale.*

A.   Longrine en chêne.
B.   Rail.
C.   Frettes.

Fig. 16. *Coupe en long.*

A.   Longrine.
B.   Rail.
C.   Traverses.
D.   Frettes.

Fig. 17. *Élévation latérale.*

A.   Longrine.
B.   Rails.
C.   Frettes.
D.   Traverses.

Fig. 18. *Coupe en travers.*

A.   Longrines.
B.   Rails.
C.   Traverses.

BLOC PRÉPARÉ SUR BERGE.

Fig. 19. *Élévation latérale de la caisse-moule sur son chantier.*

A.   Plan incliné pour immerger le bloc.
B.   Traverse du plan incliné assemblée à tenon sans cheville.
C.   Chevêtre du milieu du plan incliné.
D.   Amarre serrant les longrines contre les traverses.
E.   Chantignoles encastrées à tenons et retenant le fond de la caisse.
F.   Fond de la caisse.
g.   Sablière au petit panneau.
h.   Poteau d'angle des grands panneaux.
i.   Doublage en planches de sapin.
j.   Montants en sapin.
K.   Époutille retenant le bloc lorsqu'il est mis à nu.
L.   Planche servant d'appui à l'époutille.
m.   Traverse à entailles pour contre-balancer la poussée du béton.

Fig. 20. *Élévation longitudinale du bloc dépouillé.*

A.	Plan incliné portant le fond de la caisse.
B.	Fond de la caisse.
C.	Fond en chêne fixé sur le fond de la caisse.
D.	Double fond libre en sapin posé sur le fond et glissant avec le bloc.
E.	Chantignoles retenant le fond de la caisse.
F.	Épontille.
g.	Planche encastrée à moitié dans le bloc et contre laquelle s'appuie l'épontille.
h.	Bloc.

Fig. 21. *Élévation longitudinale d'une caisse-moule.*

A.	Plan incliné.
B.	Fond de la caisse.
C.	Sablière supérieure du grand panneau.
D.	Montants du panneau entrant à tenons dans la sablière du fond.
E.	Poteaux d'angle.
F.	Chantignoles.
g.	Épontilles.
h.	Traverse à entailles.
i.	Doublage en planches de sapin.
j.	Crochets pour assembler le fond avec le panneau.

Fig. 22. *Plan d'une caisse-moule.*

A.	Plan incliné.
B.	Traverse du plan.
C.	Chevêtre.
D.	Amarre.
E.	Chantignoles.
F.	Épontilles.
g.	Sablières supérieures des grands panneaux.
h.	Sablières supérieures des petits panneaux.
i.	Traverse à entailles.
j.	Bloc.

OBSERVATION.

Les planches qui forment le doublage des deux petits panneaux entrent dans une rainure et sont simplement superposées les unes aux autres sans être clouées contre les montants. Quand on veut dépouiller le bloc, on enlève d'abord le panneau de derrière, ensuite la sablière et les montants du panneau de devant. Alors on détache facilement du fond les deux grands panneaux; les planches qui bordent le panneau de devant tombent d'elles-mêmes, à l'exception de celle contre laquelle s'appuient les épontilles qui soutiennent le bloc. Pour le

17

lancer à l'eau, il suffit de détacher les épontilles ; le bloc alors descend de lui-même en entraînant avec lui le fond mobile de planches sur lequel il repose ; celui-ci glisse sur le fond fixe que l'on a suiffé avant d'y placer le fond mobile et de mouler le bloc dans sa caisse.

Fig. 23. *Couloir pour remplir la caisse.*

Ce couloir est doublé en zinc.

A.	Plan du couloir.
B.	Coupe de la partie inférieure.
C.	Coupe de la partie supérieure.
D.	Élévation latérale.
E.	Coupe en long.

Fig. 24. *Brouette à mortier.*

A.	Coffre.
B.	Bras.
C.	Roue.
D.	Pied.

Fig. 25. *Brouette vidant sa charge.*

A.	Coffre.
B.	Bras.
C.	Mortier.
D.	Pieds.

PLANCHE IX.

CHANTIER DES BLOCS QUI S'IMMERGENT PAR EAU.

Fig. 1. *Plan.*

A.	Bassin à éteindre la chaux.
B.	Couloir par lequel on descend la chaux vive.
C.	Tonneau à mortier.
D.	Pierrailles.
E.	Sable.

La chaux, la pierraille et le sable sont amenés par voiture dans la rue de la Marine, d'où on les jette sur le chantier, en traversant la cour de la mosquée qui domine le quai.

F.	Caisse-moule.
G.	Bloc coulé.
H.	Bloc soulevé par les verrins.
I.	Chemin de fer mobile. Aussitôt que l'aire du chantier s'est tassée sous le poids des blocs, on remplace les chemins de fer mobiles par des rails fixes scellés dans la maçonnerie, comme cela est indiqué sur la perspective.

J.   Chemin de fer en contre-bas du sol du chantier.

K.   Bloc sur le chariot à rails.

L.   Partie de chemin fixe pour aller depuis le chemin en contre-bas du chantier jusqu'à la cale.

M.   Chariot vide remontant la cale.

N.   Cale flottante.

O.   Flotteur à tonnes.

P.   Arrêt contre lequel vient buter le chariot à rails.

Q.   Chariot à rails.

R.   Bloc descendant sur la cale.

S.   Retenue du bloc.

T.   Flotteur à vis.

U.   Cabestan.

Fig. 2. *Perspective.*

A.   Couloir à éteindre la chaux.

B.   Bassin pour recevoir la chaux éteinte.

C.   Tonneau à mortier.

D.   Pierraille.

E.   Sable.

F.   Couloir par lequel on descend la chaux vive.

G.   Caisse-moule que l'on remplit de béton.

H.   Blocs coulés.

I.   Bloc soulevé par les verrins.

J.   Bloc sur son chariot.

K.   Cabestan.

L.   Rails de chemin de fer fixe scellés dans l'aire du chantier.

M.   Voie fixe inférieure, établie en contre-bas du sol du chantier, et sur laquelle se meut le chariot à rails.

N.   Voie fixe sur laquelle passe le bloc pour se rendre de la voie inférieure à la cale

O.   Bloc placé sur son chariot et descendant la cale.

P.   (1) Cale pour descendre les blocs au moyen d'un traîneau qui entre à coulisses dans un plateau à colliers, lequel glisse sur la cale et se suspend au flotteur.

Q.   Flotteur à tonnes.

R.   Bloc suspendu au flotteur à tonnes.

S.   Cale à rails pour descendre les blocs sans employer ni traîneau, ni plateau, en amenant sur la cale le chariot lui-même qui les transporte. Alors ce chariot est disposé de manière à présenter deux traverses en saillie, armées d'un collier de fer et par lesquelles on suspend au flotteur le chariot avec le bloc qu'il porte.

T.   Chariot remontant la cale.

(1) Ce système de traîneau entrant à coulisses dans un plateau à colliers a été imaginé par M. Giret, aspirant ingénieur attaché aux travaux de môle.

U.   Flotteur à pontons carrés et à vis ou verrins, avec lequel on peut descendre les
       blocs les uns sur les autres par assises régulières.

V.   Bloc immergé servant d'appui à la cale lorsqu'elle est chargée.

X.   Bloc porté par le flotteur à vis.

Fig. 1 (*bis*) et Fig. 2 (*bis*). *Plan et perspective du flotteur à pontons carrés et à vis.*

Les lettres de ces figures désignent les mêmes objets que les lettres correspondantes dans les figures 1 et 2.

PLANCHE X.

APPAREILS POUR SOULEVER LES BLOCS QUI DOIVENT ÊTRE IMMERGÉS PAR EAU.

———

SYSTÈME DE VIS A L'INSTAR DES VERRINS.

Fig. 1. *Élévation latérale suivant la ligne NP du plan.*

A.   Montants des verrins.
b.   Chantignoles pour donner aux montants l'écartement nécessaire.
c.   Chantignole mobile pour maintenir les verrins dans leur position verticale.
d.   Roues à bras.
e.   Verrins.
f.   Emplacement de la chantignole mobile.
i.   Bloc.
j.   Rails.

Fig. 1 (*bis*).

g.   Chantignole mobile en place, vue de côté.
h.   *Item*, vue de face.

Fig. 2. *Élévation longitudinale du système, suivant la ligne LM du plan, avec la coupe
en travers d'un verrin.*

A.   Élévation d'un verrin.
b.   Coupe du montant d'un verrin.
c.   Guide intérieur.
d.   Écrou en bronze.
e.   Organeaux pour transporter les verrins.
f.   Vis ou verrins.
g.   Maillon à clavette passant dans la tête du verrin.
h.   Maillon fixe.
i.   Autre maillon à clavette tenant la chaîne qui passe sous le bloc.
j.   Bloc.
k.   Semelle du verrin.

Fig. 3. *Plan.*

A. Chapeaux des verrins.
b. Chantignoles.
C. Roues.
d. Plaques en fer découpées sur le même gabarit que les écrous.
e. Écrous.
f. Verrins.
g. Bloc.

MACHINE A SOULEVER LES BLOCS.

Fig. 4. *Élévation latérale suivant la ligne* EF *du plan.*

A. Sablières inférieures.
b. Montants.
c. Liens des montants avec la sablière.
d. Moises inférieures.
e. Moises supérieures.
E. Liens des doubles moises inférieures avec les doubles moises supérieures.
f. Roues.
g. Vis.
h. Guides des vis.
i. Maillons tenant la chaîne qui entoure le bloc.
j. Chaîne.
k. Bloc.
l. Plancher placé en dehors de la machine pour la manœuvre des vis.
L. Autre plancher placé transversalement au premier, et un peu au-dessus, en dehors des deux autres faces de la machine. Il est supporté par des lisses qui passent entre les liens E et les montants.
m. Balustrade.
n. Roulettes en fonte.
o. Coins.

Fig. 5. *Élévation longitudinale suivant la ligne* GH *du plan.*

A. Sablières.
b. Montants.
c. Liens.
d. Traverses ou moises.
e. Liens soutenant les chapeaux.
f. Moises formant chapeaux.
g. Roues à bras dans lesquelles les écrous des vis sont encastrés.
h. Vis.
i. Guides pour conduire les têtes des vis, placés en sens inverse des guides indiqués sur la figure 4.

j.   Maillons.

k.   Chaîne passant sous le bloc.

l.   Plancher pour faciliter la manœuvre.

m.   Roulette en fonte.

n.   Brides à organeaux pour faire marcher le système.

o.   Coins soulageant la sablière lors du levage.

P.   Bloc.

Fig. 6. *Coupe en long, suivant la ligne GH du plan.*

A   Sablières.

b.   Montants.

c.   Liens des montants avec la sablière.

D.   Doubles moises longitudinales avec écartement pour passer les chaînes.

d.   Doubles moises transversales, aussi avec écartement pour passer les chaînes.

e.   Doubles moises transversales du haut.

f.   Liens qui maintiennent les deux rangs des doubles moises.

g.   Roues à bras.

h.   Chaînes tenant aux têtes des vis.

i.   Plancher.

j.   Vis.

k.   Bloc

l.   Guide des vis.

m.   Roulettes en fonte.

n.   Coins soulageant la roulette.

Fig. 7. *Plan.*

A.   Montants.

b.   Moises supérieures.

c.   Roues à bras.

d.   Plancher.

PLANCHE XI.

SYSTÈME DE RETENUE POUR DESCENDRE LES BLOCS SUR LA CALE. FLOTTEUR A DEUX TONNES.
POUR LE TRANSPORT ET L'IMMERSION DES BLOCS PAR EAU.

SYSTÈME DE RETENUE POUR DESCENDRE LES BLOCS SUR LA CALE.

Fig. 1. *Élévation longitudinale.*

Fig. 2. *Plan.*

A.   Canon scellé dans le sol du chantier.

b.   Pièce de bois cylindrique amarrée aux canons et sur laquelle les câbles de retenue viennent faire trois tours.

c.   Châssis du treuil à engrenage, appuyé contre la pièce de bois cylindrique et scellé sur le chantier.

d.   Treuil portant une roue d'engrenage à l'extrémité de son arbre.

e   Pignon.

f.   Manivelle.

g.   Grands boulons qui maintiennent l'assemblage.

h.   Câble de retenue faisant trois tours sur la pièce de bois cylindrique et sur l'arbre du treuil.

i.   Poulie coupée tenant à la ceinture du bloc, dans laquelle passe la retenue.

j.   Organeau sur lequel on prend un retour.

k.   Ceinture du bloc.

L.   Bloc posé sur le chariot.

m.   Chariot sur lequel le bloc est transporté et qui reste supendu au flotteur pour la mise à flot du bloc.

n.   Colliers en fer placés aux tourillons du chariot, pour le suspendre aux chaînes du flotteur.

o.   Chemin de fer mobile.

P.   Amarre qui relie la cale au chemin de fer mobile.

q.   Cale flottante à rails.

Fig. 1 (bis) et 2 (bis). *Élévation longitudinale et plan du treuil de retenue.*

FLOTTEUR A DEUX TONNES POUR LE TRANSPORT ET L'IMMERSION DES BLOCS PAR EAU.

Fig. 3. *Élévation longitudinale.*

A.   Bout de chemin de fer fixe, pour conduire le chariot depuis le chemin placé en contre-bas du sol du chantier jusqu'à la cale.

b.   Chariot qui porte le bloc.

c.   Cale à rails faisant suite au chemin de fer.

d.   Bloc.

e.   Ceinture.

f.   Retenue du bloc.

g.   Amarre pour fixer la cale au quai.

h.   Bloc immergé sur lequel la cale vient reposer lorsqu'elle est chargée.

i.   Tonne.

j.   Jougs.

k.   Amarre pour retenir la tonne.

l.   Vis pour donner plus ou moins d'inclinaison au devant du chariot.

m.   Échelle.

n.   Plancher pour la manœuvre.

o.   Colliers.

p.   Arc en fer liant entre elles les trois pièces qui composent chaque côté de la cale.

q.   Rail de la cale.

Fig. 4. *Plan.*

A.   Chemin de fer.
b.   Chariot.
C.   Bloc.
d.   Ceinture.
e.   Poulie.
f.   Retenue.
g.   Cale flottante.
h.   Amarre qui maintient l'écartement de la cale.
i.   Rails en fer.
j.   Colliers reliant les pièces dont se compose la cale.
k.   Tonnes.
l.   Écoutilles.
m.   Jougs.
n.   Vis.
o.   Chaîne de devant qui s'allonge au moyen de la vis.
P.   Chaîne de derrière.
q.   Plancher.

PLANCHE XII.

SUITE DU FLOTTEUR A DOUBLE TONNE. * FLOTTEUR A VIS POUR DESCENDRE LES BLOCS SUR PLACE,
DE MANIÈRE A LES ARRANGER PAR ASSISES RÉGULIÈRES (1).

SUITE DU FLOTTEUR A DOUBLE TONNE.

Fig. 1. *Coupe en long.*

A.   Chemin de fer.
b.   Rail.
c.   Cale flottante.
d.   Rail de la cale.
e.   Bloc immergé sur lequel la cale vient se poser.
f.   Tonne.
g.   Chaîne de devant pour maintenir le chariot
h.   Chaîne de derrière.

(1) Toutes les planches, dont le titre dans la légende est précédé d'un astérisque qui indique que les appareils n'ont pas subi l'épreuve de l'expérience, ont été dessinées d'après des modèles exécutés avec le plus grand soin par M. Bounin, conducteur des ponts et chaussées et habile mécanicien, attaché depuis leur origine aux travaux du môle, dans lesquels il s'est constamment fait remarquer par son aptitude et par son activité.

i.   Chariot portant le bloc.
j.   Bloc.
k.   Balustrade.

Fig. 2. *Élévation latérale.*

A.   Tonnes.
b.   Jougs.
c.   Montants.
d.   Sablières inférieures.
e.   Liens.
f.   Amarres retenant les tonnes.
g.   Vis.
h.   Ecrou.
i.   Chaîne de derrière.
j.   Chariot.
k.   Colliers.
L.   Maillons.
m.   Planches suiffées avec lesquelles glisse le bloc.
n.   Bloc.
o.   Chaîne du déclic.

Fig. 3. *Élévation sur le devant, faisant voir le déclic de la chaîne qui maintient le bloc.*

A.   Jougs.
b.   Montants.
C.   Tonnes.
d.   Chaîne de devant.
e.   Organeaux tenant la chaîne du déclic.
f.   Chaîne qui maintient le bloc.
g.   Déclic.
h.   Chariot.
i.   Bloc sur le chariot.
j   Planches suiffées.
k.   Corde pour tirer le déclic.

DÉTAILS DU CHARIOT.

Fig. 4. *Élévation.*

A.   Traverses du chariot formant tourillons.
b.   Essieux.
c.   Colliers.
d.   Roues.

18

e.   Organeaux.
f.   Colliers des tourillons.
g.   Maillons.
h.   Chaîne.
i.   Bandes de fer formant rebord.

Fig. 5. *Plan du dessous.*

A.   Traverses.
b.   Châssis du chariot.
c.   Essieux.
d.   Colliers.
e.   Roues.
f.   Colliers des tourillons.

Fig. 6. *Élévation longitudinale.*

A.   Châssis.
b.   Tourillons.
c.   Colliers qui embrassent les tourillons et auxquels la chaîne vient s'adapter.
d.   Rebords sur le chariot.
e.   Essieux.
f.   Roues.

---

* FLOTTEUR A VIS POUR DESCENDRE LES BLOCS SUR PLACE, DE MANIÈRE A LES ARRANGER PAR ASSISES RÉGULIÈRES.

Fig. 7. *Élévation longitudinale.*

A.   Ponton.
b.   Jougs.
C.   Traverse reliant les moises des jougs.
d.   Chapeaux de la machine.
e.   Traverses reliant les moises supérieures.
f.   Plancher pour faciliter la manœuvre.
g.   Treuil pour tirer les déclics.
h.   Vis.
i.   Roues à bras.
j.   Chaînes tenant aux têtes de vis.
k.   Déclics.
L.   Chaînes qui embrassent le bloc.
m.   Bloc suspendu à la machine.
n.   Ouvertures pratiquées dans le bloc pour le passage des chaînes.
o.   Liens arc-boutant les poteaux.
P.   Liens soutenant l'assemblage du plancher.

Fig. 8. *Élévation latérale.*

A.	Pontons.
b.	Joug.
c.	Montant.
d.	Moises supérieures.
e.	Liens servant de coulisses aux guides des vis.
f.	Guides des vis.
g.	Vis.
h.	Roues à bras.
i.	Plancher.
j.	Maillon placé à la tête de la vis et avec lequel on saisit la chaîne.
k.	Traverse qui maintient l'écartement des poteaux.
l	Petits poteaux qui maintiennent les pontons.
m.	Traverses qui maintiennent l'écartement des jougs.
n	Chaîne tenant au déclic et se maillonnant à la tête de la vis, vue au moment où elle est maintenue par une cheville qui traverse la maille et s'appuie sur les moises, pendant qu'on remonte la vis.
o.	Cheville en fer.
P.	Déclic.
q.	Corde pour tirer le déclic.
r.	Chaîne entourant le bloc et dont un bout se relie au corps du déclic.
s.	Bloc suspendu.
t.	Arcs-boutants qui maintiennent les poteaux.
u.	Liens pour soutenir l'assemblage du plancher.
v.	Treuil pour tirer le déclic.
x.	Trou par lequel on passe les cordes pour tirer le déclic.

* PLANCHE XIII.

PONTON SERVANT A TRANSPORTER PLUSIEURS BLOCS A LA FOIS.

APPAREIL POUR METTRE LES BLOCS A FLOT AU MOYEN D'UNE SEULE TONNE.

— ——

PONTON SERVANT A TRANSPORTER PLUSIEURS BLOCS A LA FOIS.

Fig. 1. *Élévation longitudinale.*

A.	Chemin de fer fixe.
b.	Chariot.
c.	Traîneau posé sur le chariot.
d.	Bloc.
e.	Cale sur laquelle le traîneau vient passer en quittant le chariot.
f.	Ponton.

g.   Voie en chêne, doublée en bandes de fer, sur laquelle glissent les traîneaux qui portent les blocs.

h.   Amarre retenant le ponton.

i.   Canon scellé dans le sol du chantier pour amarrer le ponton.

j.   Corde de traction, mise en mouvement par un treuil à engrenage placé dans l'intérieur du ponton.

k.   Blocs embarqués sur les traîneaux.

Fig. 2. *Plan du dessus.*

A.   Chemin de fer fixe.

b.   Chariot.

c.   Traîneau.

d.   Bloc.

e.   Cale amarrée d'un bout à terre et, de l'autre, entrant dans un pivot placé sur le ponton.

f.   Plancher.

g.   Voie en chêne doublée avec des bandes de fer, sur laquelle les blocs se placent.

h.   Arrêt en bois contre lequel le traîneau vient buter et s'arrêter.

i.   Plan incliné par lequel les blocs s'immergent.

j.   Organeaux pour amarrer les blocs

k.   Blocs en marche sur le ponton.

L.   Corde de traction mise en mouvement par un treuil à engrenage, placé dans l'intérieur du ponton.

m.   Canons scellés dans le sol du chantier pour amarrer le ponton.

n.   Amarres tenant aux canons et aux bittes du ponton.

o.   Amarres de la cale.

APPAREIL POUR METTRE LES BLOCS A FLOT AU MOYEN D'UNE SEULE TONNE.

Fig. 3. *Élévation latérale.*

A.   Chantier en sapin sur lequel on place les fonds de caisses.

b.   Fond en madriers, dont le dessous forme coulisse pour glisser sur le chantier.

c.   Bloc mis à nu.

d.   Chantignoles sur lesquelles le bloc se place.

e.   Plan incliné en poutrelles, formant charnière avec la chantignole à laquelle elle tient par une clavette.

f.   Tonne montant sur le plan incliné.

g.   Treuil à engrenage placé au-dessus du bloc voisin.

h.   Corde qui fixe le treuil sur le bloc.

k.   Corde enveloppant la tonne et faisant trois tours sur le treuil.

i.   Bout de la corde tirée par un homme au fur et à mesure qu'elle se déroule.

j.   Coins placés entre les chantignoles et le bloc pour roidir les chaînes.

Fig. 4. *Plan de l'appareil.*

A.	Chantier.
b.	Fond.
c.	Bloc.
d.	Chantignoles.
e.	Plan incliné.
f.	Cheville en fer qui tient le plan incliné.
g.	Tonne.
h.	Câble pour monter la tonne.
i.	Treuil.

Fig. 5. *Élévation longitudinale du treuil avec lequel on monte la tonne sur le bloc.*

A.	Chantier.
b.	Fond.
c.	Bloc.
d.	Rainures en dessous du bloc, par lesquelles on fait passer des cordes pour y amarrer le treuil.
e.	Amarres.
f.	Bâti du treuil.
g.	Cylindre du treuil à double gorge.
h.	Roue d'engrenage.
i.	Pignon.
j.	Rochet.
k.	Manivelles.

' PLANCHE XIV.

SUITE DE L'APPAREIL POUR METTRE LES BLOCS A FLOT AU MOYEN D'UNE SEULE TONNE. — FLOTTEUR A UNE SEULE TONNE POUR LES PORTS DE L'OCÉAN.

SUITE DE L'APPAREIL POUR METTRE LES BLOCS A FLOT AU MOYEN D'UNE SEULE TONNE.

Fig. 1. *Élévation longitudinale.*

A.	Chantier sur lequel on place les fonds des blocs.
b.	Fond en madriers dont le dessous forme coulisse pour glisser sur le chantier.
C.	Bloc.
d.	Chantignoles.
e.	Coins.
f.	Tonne.
g.	Cercles.

h.	Vis pour serrer les cercles.
i.	Bâti du levier.
j.	Levier posé sur la tonne pour faciliter le décliquetage.
k	Déclic.
L.	Chaîne amarrant le bloc à la tonne.
m.	Système de cale à articulation pour suivre le profil de la plage.
n.	Traverses à tourillons pour amarrer la naissance de la cale au chantier.
o.	Amarre.
P.	Cale sur laquelle passent les blocs pour être mis à flot.
q.	Traverse à tourillon
r.	Organeau pour changer la cale de place.
s.	Colliers en fer réunissant les trois pièces qui forment les côtés de la cale.
t.	Doublage en chêne.

Fig. 2. Plan.

A.	Chantier.
b.	Tonne.
C.	Cercles.
d.	Chaînes passant au-dessous de la tonne.
e.	Maillon saisissant les deux chaînes qui passent sous le bloc.
f.	Appareil pour tirer le déclic.
g.	Naissance de la cale.
h.	Traverse à tourillons.
i.	Amarre intérieure qui maintient dans son écartement la naissance de la cale.
j.	Cale.
k.	Traverse à tourillons pour amarrer la cale à la première partie articulée.
L.	Amarre qui maintient l'écartement des longrines de la cale.
m.	Organeau.
n.	Colliers de la grande cale.
o.	Doublage de la cale placée en dessus des colliers.

FLOTTEUR A UNE SEULE TONNE POUR LES PORTS DE L'OCÉAN.

Fig. 3. Plan.

A.	Plage sur laquelle on coule les blocs à mer basse.
b.	Bloc coulé.
c.	Rainures pratiquées sur le côté du bloc pour maintenir l'écartement des chaînes.
d.	Chaîne double embrassant le bloc.
e.	Chaîne simple passant sur la tonne et saisissant les deux autres chaînes, d'un bout par un maillon et de l'autre par un déclic.
f.	Déclic au moyen duquel on immerge le bloc.

g.   Chantignoles posées entre le bloc et la tonne.
h.   Coins placés entre le bloc et les chantignoles pour roidir les chaînes.
i.   Tonne pour transporter le bloc.
j.   Collier qui maintient la chaîne au centre de la tonne.

Fig. 4. *Élévation latérale.*

A.   Profil du bloc.
b.   Chantignoles.
c.   Coins.
d.   Chaîne double entourant le bloc.
e.   Chaîne simple entourant la tonne.
f.   Déclic.
g   Maillon.
h.   Collier.
i.   Tonne.

Fig. 5. *Élévation latérale du bloc à flot.*

A.   Tonne.
b   Bloc.
c.   Chantignoles.
d.   Coins.
e.   Chaîne double.
f.   Chaîne simple.
g.   Déclic.
h.   Maillon.
i.   Corde pour tirer le déclic.
j.   Collier.

PLANCHE XV.

CAISSE-SAC.

Fig. 1. *Perspective d'une caisse-sac échouée, avec sa trémie et son pont de service.*

A.   Machine à couler.
B.   Radeau ou pont de service.
C.   Plan incliné pour monter sur la caisse.
D.   Plan incliné pour descendre sur le radeau.

Toutes les autres lettres de cette figure s'appliquent à la désignation des mêmes objets que les mêmes lettres dans la figure 2.

Fig. 2. *Élévation longitudinale.*

a.   Grands panneaux.
b.   Poteaux d'angle.
c.   Sablières.
d.   Montants.
e.   Traverses.
f.   Pentures à charnière reliant les panneaux.
g.   Équerres à goupille posées sur les panneaux.
h.   Boulons assujettissant les charnières aux panneaux.
i.   Doublage en planches de sapin.
j.   Organeaux scellés sur les montants pour maintenir la ceinture.
k.   Double câble formant ceinture autour de la caisse et servant d'attache pour les caissons à boulets.
l.   Caissons à boulets lestant la caisse pour la faire échouer.
m.   Système de charpente, ou sergent, pour contre-balancer la poussée du béton contre les panneaux.

Fig. 3. *Coupe en travers.*

a.   Sergent.
b.   Coins serrant les sergents.
c.   Doublage intérieur.
d.   Panneaux.
e.   Sac en toile goudronnée, clouée contre les parois intérieures de la caisse.
f.   Caisson à boulets.

Fig. 4. *Plan de la caisse.*

a.   Sergents.
b.   Sablières supérieures des panneaux.
c.   Pentures à charnière.
d.   Equerres à goupille.

Fig. 5. *Détails des ferrures.*

a.   Charnière à goupille.
b.   Goupille.
c.   Profil de la charnière à goupille.
d.   Boulons assujettissant les charnières aux panneaux.
e.   Équerre à charnière.
f.   Goupille de la penture à charnière.

PLANCHE XVI.

TRÉMIE POUR DESCENDRE LE BÉTON DANS L'EAU.

———

TRÉMIE A BASCULE.

Fig. 1. *Élévation longitudinale.*

A.	Châssis de la machine.
b.	Cylindre sur lequel les cordes de la trémie s'enroulent.
c.	Arbre en fer formant l'axe du cylindre en bois et de la roue d'engrenage.
d.	Roue d'engrenage.
e.	Arbre du pignon.
f.	Pignon.
q.	Frein enveloppant les roues.
h.	Roues à gorge adaptées à l'arbre du pignon.
i.	Rochet soutenant la trémie.
j.	Cliquet du rochet.
k.	Manivelles fixées à l'arbre du pignon.
L.	Grand boulon qui maintient l'écartement du châssis.
m.	Trémie.
n.	Cordes soutenant la trémie.
o.	Cordes pour faire basculer la trémie quand elle est arrivée au fond.
p.	Coussinets supportant les arbres.

Fig. 2. *Plan.*

A.	Châssis.
b.	Cylindre du treuil.
c.	Arbre du treuil.
e.	Roue d'engrenage.
d.	Arbre du pignon.
f.	Pignon.
g.	Freins à brisure.
h.	Roues à gorge.
i.	Rochet.
j.	Cliquet du rochet.
k.	Manivelles.
L.	Boulons.
m.	Trémie.
n.	Cordes soutenant la trémie.
o.	Cordes pour faire basculer la trémie.
P.	Coussinets qui maintiennent les arbres.
q.	Ouvertures pour laisser sortir l'eau de la trémie.

19

Fig. 3. *Élévation latérale.*

A.	Bâti de la mach ne.
b.	Cylindre du treuil.
c.	Arbre du cylindre.
d.	Roue d'engrenage.
e.	Arbre du pignon.
f.	Boulons reliant le châssis.
g.	Frein.
h.	Roue à gorge.
i.	Rochet.
j.	Cliquet.
k.	Manivelle.
L.	Trémie.
m.	Équerre à tourillon pour la supension de la trémie.
n.	Corde soutenant la trémie.
o.	Corde pour renverser la trémie.
P.	Piton auquel s'attache la corde pour renverser la trémie.
q.	Ouvertures pour laisser écouler l'eau.

Fig. 4 et 5.

* TRÉMIE A CLAPET S'ADAPTANT AU MÊME CHASSIS QUE LA PRÉCÉDENTE.

Fig. 4. *Élévation longitudinale.*

A.	Partie fixe de la trémie.
b.	Clapet s'ouvrant à charnière par le moyen d'un loqueteau.
C.	Charnières.
d.	Déclics à loqueteau.
e.	Équerres à tourillon.
f.	Cordes soutenant la trémie.
g.	Cordes pour ouvrir les clapets.

Fig. 5. *Coupe en travers.*

A.	Équerres à tourillon.
b.	Clapets.
C.	Charnières.
d.	Loqueteaux pour fermer les clapets.
e.	Déclics des loqueteaux.

* PLANCHE XVII.

GRANDE TRÉMIE AVEC LAQUELLE ON PEUT IMMERGER A LA FOIS CINQ MÈTRES CUBES DE BÉTON.

Fig. 1. *Élévation longitudinale.*

A.   Châssis de la machine.
b.   Montants des doubles chevalets entre lesquels sont placées les roues d'engrenage.
C.   Chapeaux des chevalets.
d.   Treuil en bois sur lequel s'enroulent les cordes soutenant la machine.
e.   Tourillons du treuil.
f.   Grands boulons reliant le système.
g.   Roues d'engrenage.
h.   Coussinets en cuivre portant les vis sans fin.
i.   Manivelles.
j.   Tourillons à équerres pour la suspension de la trémie.
K.   Trémie à clapets.
L.   Partie inférieure de la trémie s'ouvrant à charnière.
m.   Déclics des loqueteaux.
n.   Cordes soutenant la trémie.
o.   Cordes pour tirer les déclics.
P.   Charnières pour ouvrir les clapets.

Fig. 2. *Plan.*

A.   Bâti de la machine.
b.   Chapeaux des chevalets.
C.   Traverses sur lesquelles s'appuient les vis sans fin.
d.   Cylindre du treuil.
e.   Arbre du cylindre.
f.   Coussinets en cuivre.
g.   Grands boulons.
h.   Vis sans fin.
i   Manivelles.
j.   Trémie.

Fig. 3. *Élévation latérale.*

A.   Bâti.
b.   Chevalet.
C.   Traverse portant l'arbre du cylindre.
d.   Coussinet qui maintient les tourillons du treuil.
e.   Tourillon du treuil.

f.	Coussinets de la vis sans fin.
g.	Roue dentée.
h.	Vis sans fin.
i.	Manivelle.
j.	Grands boulons.
K.	Trémie.
L.	Équerre portant le tourillon de la trémie.
m.	Loqueteau.
n.	Clapets s'ouvrant à charnière.
o.	Charnières.

* PLANCHE XVIII.

CAISSE—SAC FORMÉE DE POUTRELLES JOINTIVES ET A ASSEMBLAGE MOBILE, POUR DES FONDS
DE 8 A 10 MÈTRES ET AU-DESSUS.

Fig. 1. *Élévation longitudinale de la caisse, avec la machine à couler placée
sur son échafaudage.*

A.	Poteaux d'angle.
b.	Poutrelles.
c.	Traverses assemblées à entailles et reliant les poutrelles.
d.	Crochets en fer qui maintiennent les traverses et empêchent les poutrelles de rentrer.
e.	Coins serrant les traverses.
f.	Cordes tenant à chaque coin et servant à les tirer.
g.	Toile formant le fond de la caisse.
h.	Chevilles en bois pour maintenir la ralingue qui tient la toile.
i.	Poutre à entaille mise en travers pour soutenir l'échafaudage.
j.	Plancher en madriers pour faciliter la manœuvre.
k.	Machine à couler de la planche XVII.

Fig. 2. *Élévation latérale présentant un arrachement qui permet de voir l'intérieur de la caisse
avec la trémie qui descend le béton.*

TABLE DES MATIÈRES.

SECTION PREMIÈRE.

CHAPITRE III.

Vices du système ordinaire de construction à pierres perdues, et avantages qui résultent de la substitution des blocs de béton aux blocs naturels.

CHAPITRE IV.

Examen des autres systèmes les plus connus parmi ceux qui ont été appliqués ou proposés pour la fondation des ouvrages à la mer.

SECTION II.

DEVIS DESCRIPTIF DE TOUS LES OUVRAGES QUI ENTRENT DANS LES CONSTRUCTIONS A LA MER EN BLOCS DE BÉTON.

CHAPITRE V.

Confection des bétons.

CHAPITRE VI.

Blocs qu'on lance de terre pour les immerger.

CHAPITRE VII.

Immersion par eau.

CHAPITRE VIII.

Exposé des procédés à employer pour le transport et pour l'immersion des blocs dans quelques cas particuliers et notamment dans les ports de l'Océan.

CHAPITRE IX.

Blocs fabriqués sur place, au moyen de béton immergé dans des caisses-sacs.

SECTION III.

ANALYSE DÉTAILLÉE DES PRIX DES OUVRAGES QUI ENTRENT DANS LES CONSTRUCTIONS A LA MER EN BLOCS DE BÉTON.

APPENDICE.

NOTES ET OBSERVATIONS ADDITIONNELLES SUR DIVERSES MATIÈRES TRAITÉES DANS LE MÉMOIRE.

DESCRIPTION DES PLANCHES.

PARIS, IMPRIMERIE DE FAIN ET THUNOT.

ERRATA.

MÉMOIRE

SUR LES

TRAVAUX A LA MER.

PARIS. — IMPRIMERIE DE FAIN ET THUNOT,
IMPRIMEURS DE L'UNIVERSITÉ ROYALE DE FRANCE,
Rue Racine, 28, près de l'Odéon.

MÉMOIRE

SUR LES

TRAVAUX A LA MER,

COMPRENANT

L'HISTORIQUE DES OUVRAGES EXÉCUTÉS AU PORT D'ALGER, ET L'EXPOSÉ COMPLET
ET DÉTAILLÉ D'UN SYSTÈME DE FONDATION A LA MER
AU MOYEN DE BLOCS DE BÉTON ;

Par M. POIREL,
INGÉNIEUR EN CHEF DES PONTS ET CHAUSSÉES.

PLANCHES.

PARIS.

CARILIAN-GOEURY et V^OR DALMONT, ÉDITEURS,

LIBRAIRES DES CORPS ROYAUX DES PONTS ET CHAUSSÉES ET DES MINES,

Quai des Augustins, n°s 39 et 41.

—

1841.

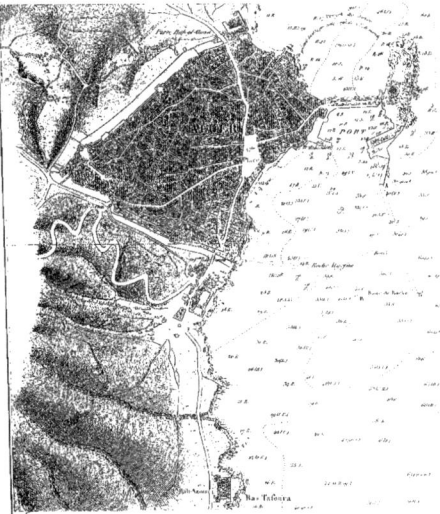

A. Fig. 1.

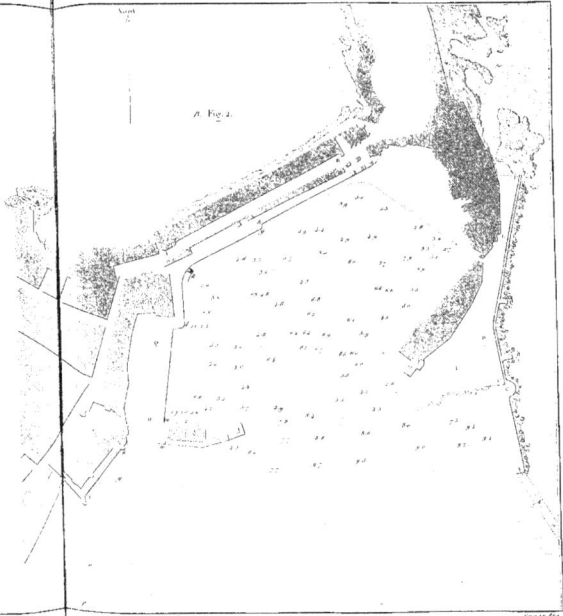

B. Fig. 1.

PROFILS EN TRAVERS PRIS SUR LES OUVRAGES EN BLOCS DE BÉTON QUI ONT ÉTÉ EXÉCUTÉS AU PORT D'ALGER.

Pl. II.

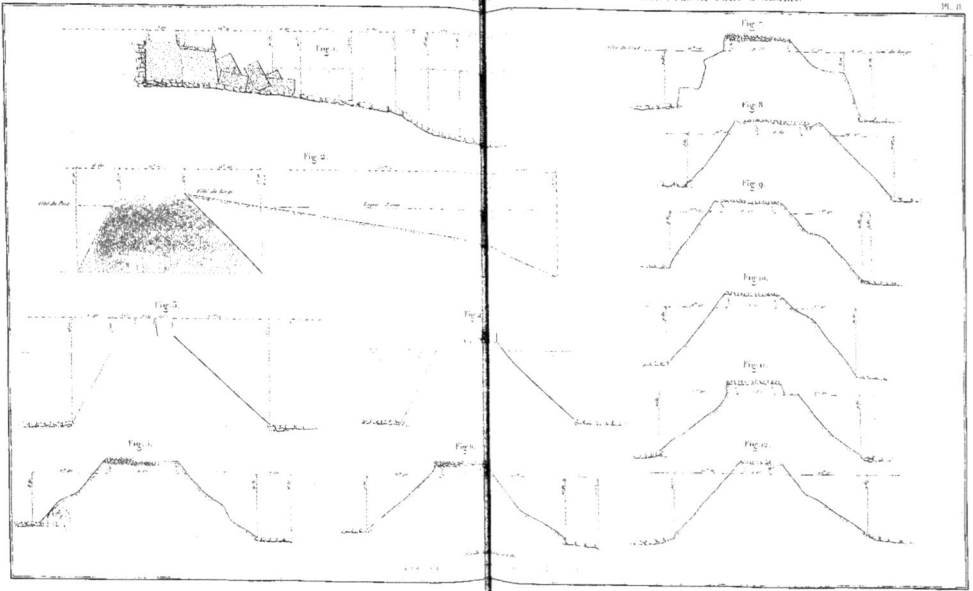

Fig. 1.

Fig. 2.

Fig. 3.

Fig. 4.

Fig. 5.

Fig. 6.

Fig. 7.

Fig. 8.

Fig. 9.

Fig. 10.

Fig. 11.

Fig. 12.

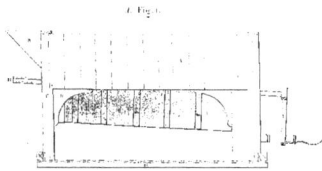

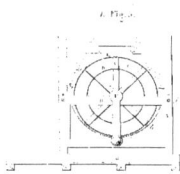

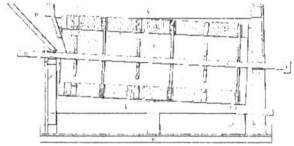

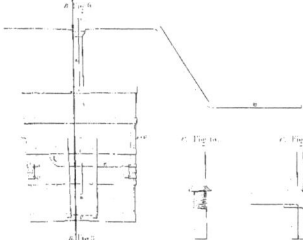

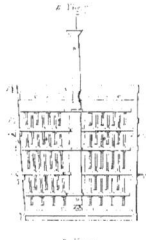

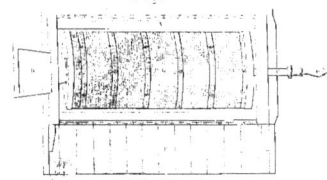

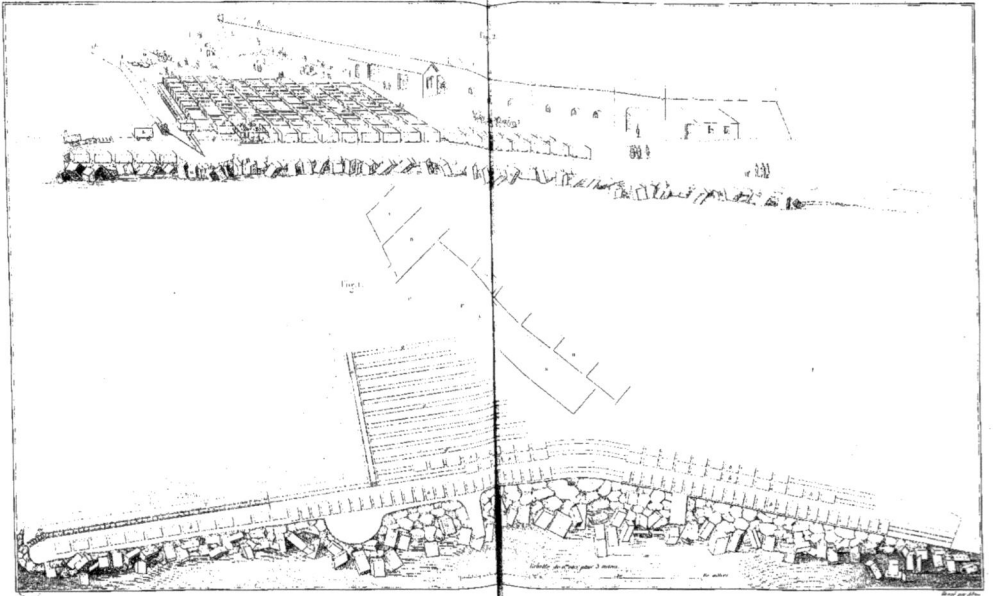

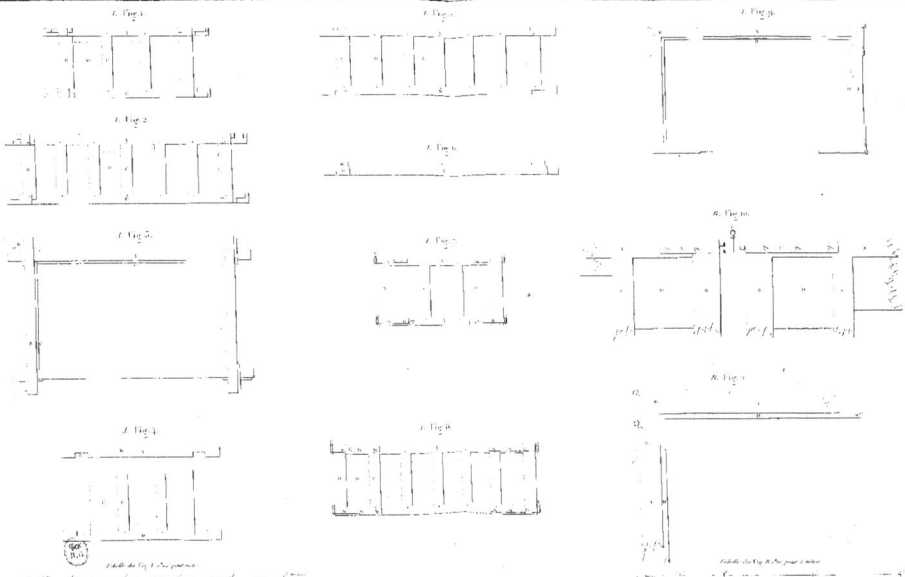

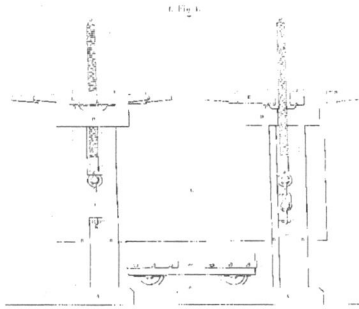

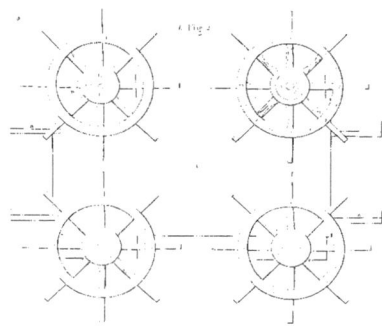

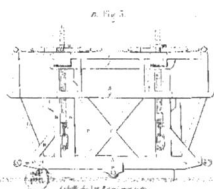

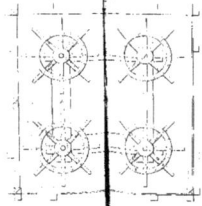

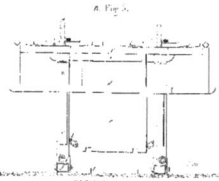

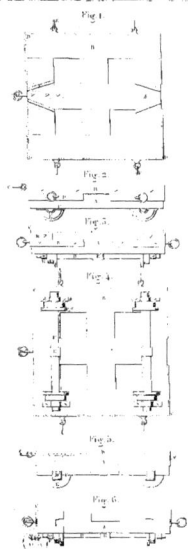

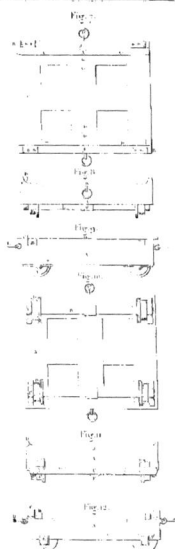

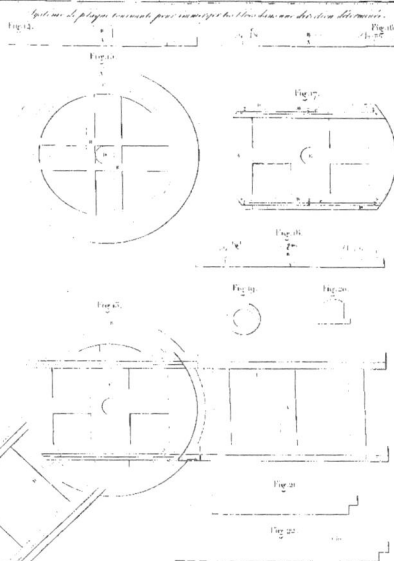

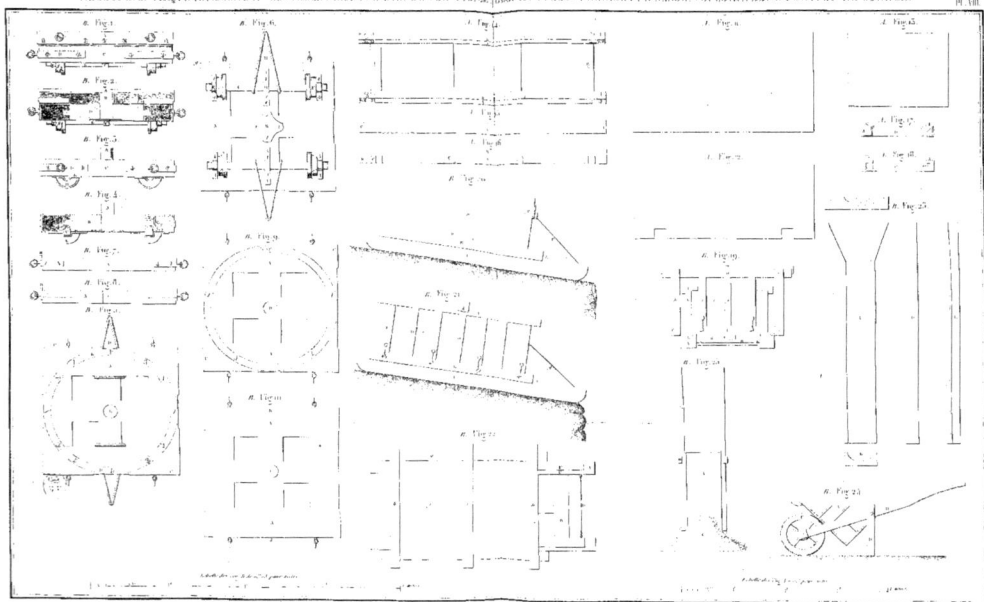

Fig. 2

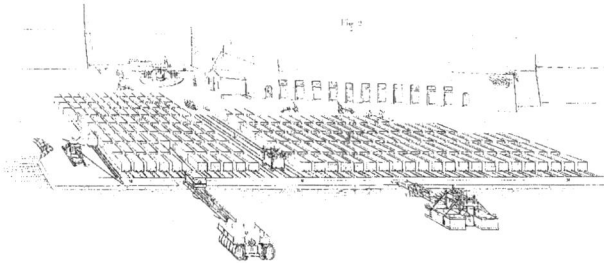

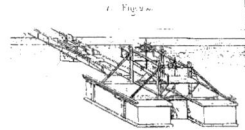

Fig. 1

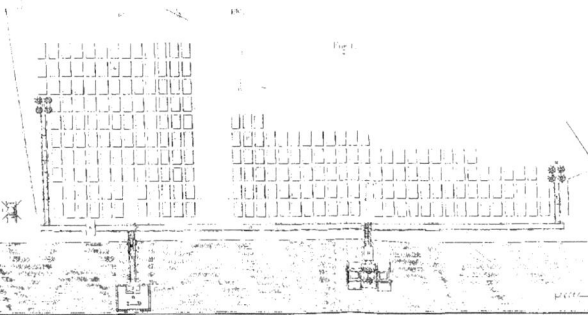

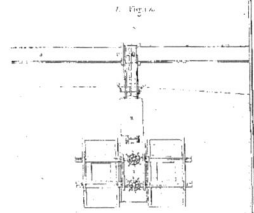

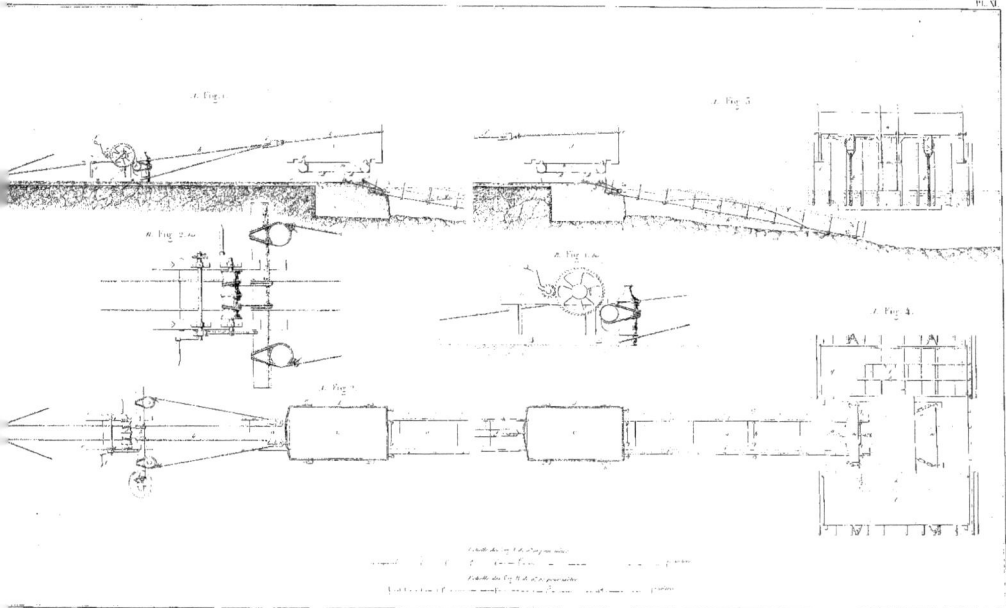

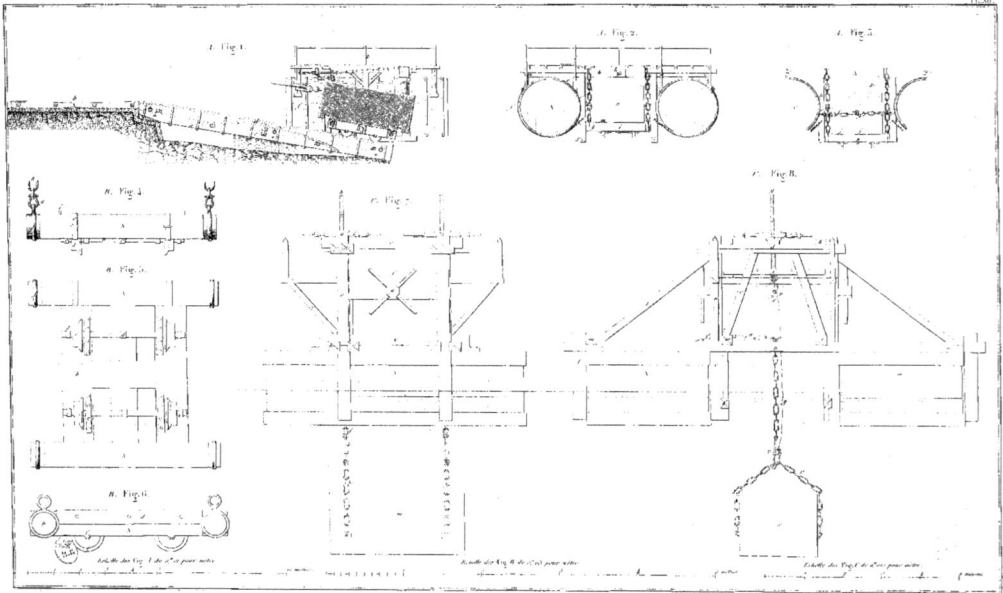

Fig. 1.

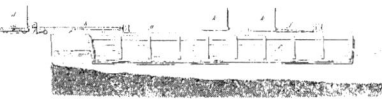

Fig. 5.

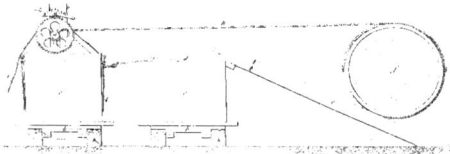

Fig. 2.

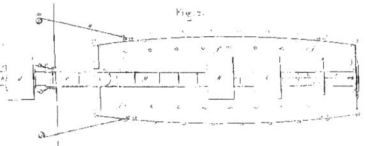

Fig. 4.

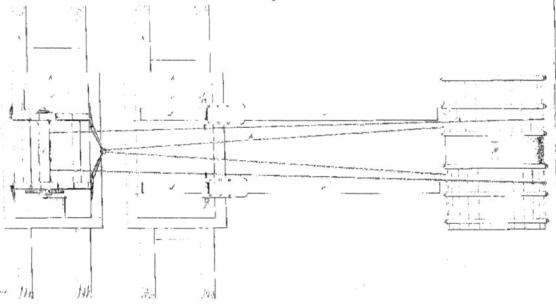

Fig. 3.

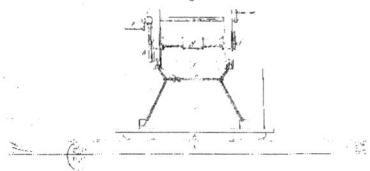

Échelle des Fig. 1 et 2 de 0^m,01 pour mètre.

Échelle des Fig. 3, 4 et 5 de 0^m,01 pour mètre.

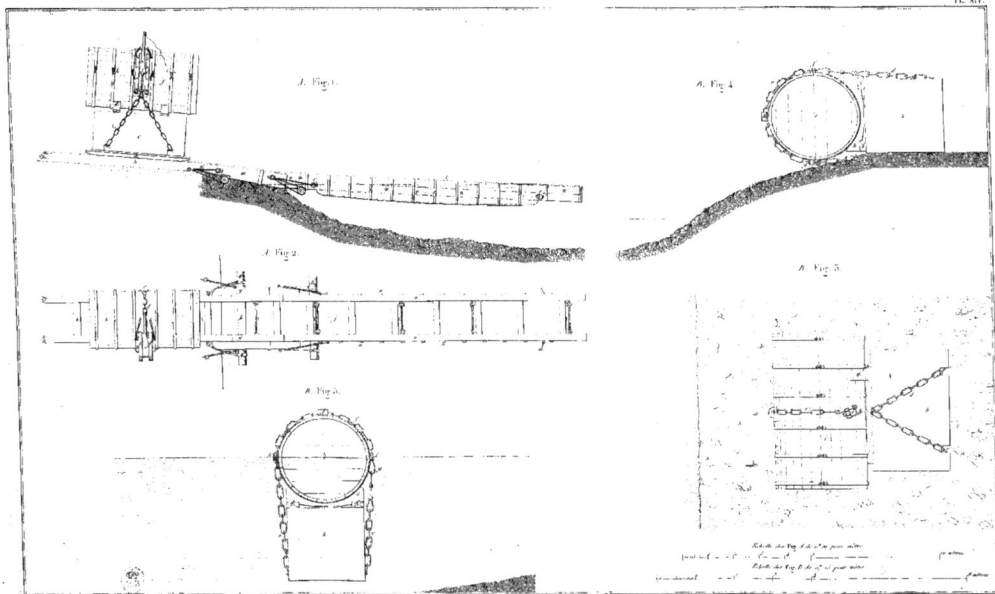

Fig. 1

Fig. 2

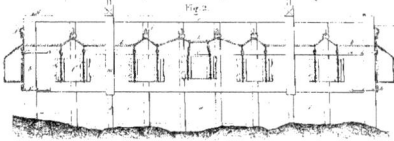

Fig. 4

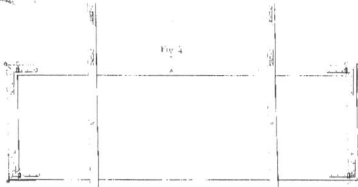

Fig. 3

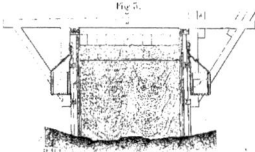

Fig. 5

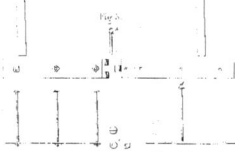

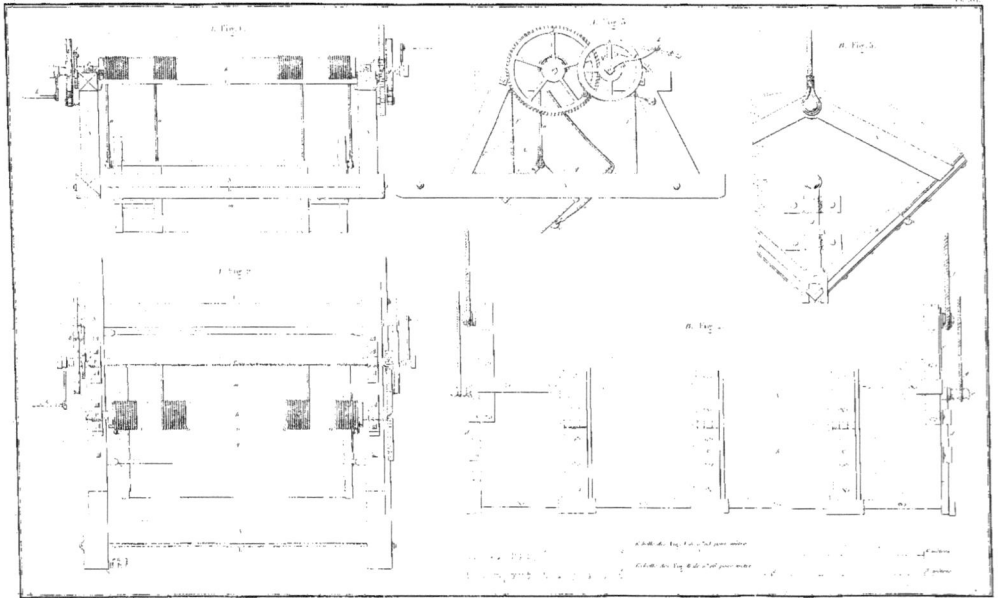

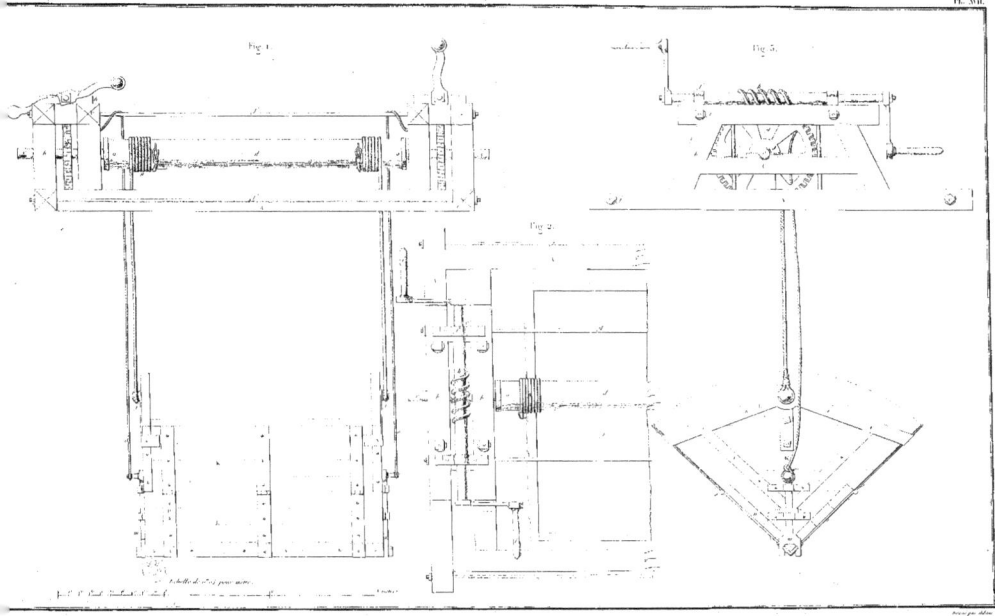

Fig. 1

Fig. 2

Fig. 3

Fig.1.   Fig.2.

www.ingramcontent.com/pod-product-compliance
Lightning Source LLC
Chambersburg PA
CBHW060556210326
41519CB00014B/3489